怒江傈僳族自治州农房设计与技术指南

Guideline of Rural Dwelling Design and Building Technology in Nujiang Region

中国建筑学会　编著

中国建筑工业出版社

图书在版编目（CIP）数据

怒江傈僳族自治州农房设计与技术指南 =Guideline of Rural Dwelling Design and Building Technology in Nujiang Region/ 中国建筑学会编著．—北京：中国建筑工业出版社，2021.11
ISBN 978-7-112-26574-9

Ⅰ.①怒…　Ⅱ.①中…　Ⅲ.①农村住宅—建筑设计—怒江傈僳族自治州—指南　Ⅳ.① TU241.4-62

中国版本图书馆CIP数据核字（2021）第188838号

责任编辑：何　楠　陈　桦　高延伟
责任校对：姜小莲

怒江傈僳族自治州农房设计与技术指南
Guideline of Rural Dwelling Design and Building Technology in Nujiang Region
中国建筑学会　编著

*

中国建筑工业出版社出版、发行（北京海淀三里河路9号）
各地新华书店、建筑书店经销
北京雅盈中佳图文设计公司制版
临西县阅读时光印刷有限公司印刷

*

开本：880毫米×1230毫米　横1/16　印张：24½　字数：649千字
2021年12月第一版　2021年12月第一次印刷
定价：**228.00元**
ISBN 978-7-112-26574-9
（38000）

序一

住有所居、住得安全是中华民族的千年期盼，也是每一个中国人获得感、幸福感、安全感最直接的体现。党的十八大以来，以习近平同志为核心的党中央把解决农村贫困人口住房安全问题，作为实现贫困人口脱贫的基本要求和核心指标，作为打赢脱贫攻坚战和全面建成小康社会的标志性工程。习近平总书记反复强调，"脱贫攻坚的标准，就是稳定实现贫困人口'两不愁三保障'"，"住房安全有保障主要是让贫困人口不住危房"。贫困群众的住房安全问题，一直是习近平总书记心中牵挂的一件大事。

在脱贫攻坚的伟大实践中，住房和城乡建设部深入学习贯彻习近平总书记的重要指示批示精神，把保障贫困群众住房安全作为践行"两个维护"的具体行动，以钉钉子精神持之以恒抓落实，以贫困人口住房安全有保障的实际成效彰显初心和使命。2013 年以来，住房和城乡建设部坚决落实中央部署，通过聚焦重点加大支持力度、精准发力层层压实责任、因地制宜降低农户负担、部省协同攻克深度贫困堡垒、慎终如始确保脱贫成色等一系列举措，深入推进脱贫攻坚农村危房改造工作，贫困人口住房安全有保障工作取得决定性胜利，为打赢脱贫攻坚战和全面建成小康社会奠定了坚实基础。各地区通过原址重建或加固改造，帮助 760 万户建档立卡贫困户住上了安全住房；支持 1075 万户农村低保户、分散供养特困人员、贫困残疾人家庭等边缘贫困群体改造危房，让他们住上了安全舒适的新居，房屋安全性、居住舒适度以及人居环境质量均得到了有效改善，有效缓解了区域性整体贫困问题。

"三区三州"等深度贫困地区是脱贫攻坚的难中之难、坚中之坚。云南省怒江州是其中的典型代表。我多次到怒江州调研督导农村危房改造工作，每次深入怒江农村地区，怒江的高山大川都给人触及心灵的感受。在怒江州的大山与大川之间，无数的民居散落其间，让我切身感受到解决深度贫困农村地区住房安全所面临的巨大挑战，也深感富有怒江地方特色的传统民居中蕴含着大量值得传承的营建智慧。为此，住房和城乡建设部会同有关部门努力推动政策、资金、技术力量向深度贫困地区倾斜聚焦，组织行业专家赴实地进行技术指导帮扶，指导相关省份建立由机关业务能手和专业技术人员组成的技术帮扶队伍，对深度贫困地区实施"点对点"帮扶，取得了一系列具有突破性的工作成效。以贡山县独龙江乡为例，全乡 1086 户群众通过实施农村危房改造，彻底告别了过去柴扉为门、四面通风的简陋"杈杈屋"，全部住上了安全舒适的安居房，为独龙族"一步跨千年"实现整族脱贫提供了有力支撑。

《怒江傈僳族自治州农房设计与技术指南》所呈现的，正是其中"点对点"技术帮扶工作的一个缩影。在我部与怒江州政府的支持下，中国建筑学会牵头组织中国建筑设计研究院有限公司、北京建筑大学、中国城市规划设计研究院、北京市建筑设计研究院有限公司、沈阳建筑大学、云南省设计院集团有限公司6家单位在国内乡建领域顶尖的专家团队，针对怒江州农房建设面临的实际挑战，启动了专项研究与设计帮扶计划。专家团队坚持"从群众中来，到群众中去"的原则，深入怒江州贫困农村，在广泛调研和系统研究的基础上，形成了一系列针对性强、切实可行的设计与建设技术成果，对当地农房建设发挥了十分重要的指导和示范效应，也探索出一个可供其他地区借鉴的乡村技术帮扶创新模式。

《怒江傈僳族自治州农房设计与技术指南》把实践的成果提炼总结出来，成为这本系统性指导怒江农房建设的技术帮扶手册，分别针对怒江州泸水市、福贡县、贡山独龙族怒族自治县三地特有的民族文化和地域特色，展开各少数民族的传统农房改造类技术指引和新建农房建设指引，对当地农房建设具有较高的应用价值，对于其他类似地区农房建设也有十分重要的借鉴和推广意义。这本书可以作为施工工匠、村民自建的指导用书。

脱贫摘帽不是终点，而是新生活、新奋斗的起点。习近平总书记指出，"为了不断满足人民群众对美好生活的需要，我们就要不断制定新的阶段性目标，一步一个脚印沿着正确的道路往前走。"实施农村危房改造，不仅关系到贫困群众的生命财产安全，更关系着脱贫群众的美好生活需要。"十四五"时期，住房和城乡建设部将在保持政策稳定性、延续性的基础上调整优化，逐步建立健全农村低收入群体住房安全保障长效机制，实现巩固拓展脱贫攻坚成果同乡村振兴有效衔接，为推进乡村全面振兴提供坚实保障。

倪 虹

住房和城乡建设部副部长

2021 年 5 月

序二

　　怒江傈僳族自治州曾是全国"三区三州"深度贫困地区之一，是习近平总书记十分牵挂的地方，是党中央、国务院亲切关怀的地方，是住房和城乡建设部等部门大力帮助支持的地方。

　　确保住房安全有保障是实现脱贫攻坚"两不愁、三保障"目标的重要任务，是怒江州打赢脱贫攻坚亟需攻克的"堡垒"。告别"竹篱为墙、柴扉为门、茅草为顶、千脚落地、人畜混居"的吊脚房，住进安全稳固的住房，是怒江农村贫困群众千百年来期盼的"安居梦"。在脱贫攻坚中如何让贫困群众既住进安全稳固的住房，又精简节约资金建材？既保护和传承怒江各民族历史建筑文化，又建设体现地域特征、民族特色和时代风貌的现代宜居建筑？既加强农村建筑风貌管控，又做好传统村落和传统民居保护，留住乡愁和记忆？等等这些问题成为怒江州各级党委政府急迫需要破解的难题。

　　住房和城乡建设部高度重视怒江州面临的难题，深入贯彻落实习近平总书记关于扶贫工作的重要论述，始终对怒江州农村危房改造等给予了大力帮助支持。倪虹副部长多次深入怒江州调研指导，对全州住房安全保障和脱贫攻坚工作作出了重要的指示、批示。为提升农房设计水平，建设一批功能现代、风貌乡土、成本经济、结构安全、绿色环保的宜居民族特色型农房，在住房和城乡建设部的大力支持下，在倪副部长的积极推动下，2019年4月，中国建筑学会组织来自中国城市规划设计研究院、中国建筑设计研究院有限公司、北京建筑大学、北京市建筑设计研究院有限公司、云南省设计院集团有限公司、沈阳建筑大学等国内知名院校与设计单位的40余名专家学者，组成工作组抵达怒江州，开展农村建筑设计帮扶工作。

　　专家工作组分成3个小组，克服交通不便、山高坡陡、村庄分散、工作量大等困难，冒着滚石滑坡、泥泞路滑的危险，风雨兼程、披星戴月、跋山涉水深入村寨农户分析研究、调研走访、测绘设计。经过深入系统研究论证，编撰完成了《怒江傈僳族自治州农房设计与技术指南》，形成了一系列丰硕的设计技术研究成果。《怒江傈僳族自治州农房设计与技术指南》一书中包括了泸水地区农房建设指引、福贡地区农房建设指引、贡山地区农房建设指引，涵盖了怒江州傈僳族、白族、勒墨人（白族支系）、景颇族、怒族、独龙族等少数民族传统民居特点，充分结合当地地理气候、地域风貌、民俗风情、文化传承、功能需求，研究提炼出地域传统建筑文化元素和建筑空间结构设计方案，从乡村风貌、周边环境、农房建设、院落相关、建筑相关公共系统、卫生系统、配套设施、产业培育系统等多角度、宽领域、立体化分析，总结正面及负面案例清单，为落实乡村规划、环境提升、农房设计、建造施工、工匠培训提供技术指引，具有很强的针对性、指导性、操作性和前瞻性，是怒江州农房设计、建设和维护的专业技术规范，为全州解决农村住房安全问题、打赢脱贫攻坚战、实施乡村振兴发挥了重要作用。

在习近平总书记亲切关怀下，在党中央、国务院的关心帮助下，在云南省委、省政府的坚强领导下，在各级各部门的大力支持下，怒江各族干部群众团结同心，攻坚克难，决战决胜深度贫困，全州如期脱贫摘帽，实现了"两不愁、三保障"的目标。"脱贫只是第一步，更好的日子还在后头。"我们相信，在《怒江傈僳族自治州农房设计与技术指南》的指引下，更多更美更舒适的农房村庄将在怒江峡谷中开花结果、熠熠生辉。

谨以此序，衷心感谢住房和城乡建设部，衷心感谢中国建筑学会、中国城市规划设计研究院、中国建筑设计研究院有限公司、北京建筑大学、北京市建筑设计研究院有限公司、云南省设计院集团有限公司、沈阳建筑大学及各位专家学者。

张 杰

怒江傈僳族自治州人民政府副州长

2021 年 5 月

前言

怒江傈僳族自治州位于云南西北部,西邻缅甸,北靠西藏自治区,东连迪庆藏族自治州、大理白族自治州、丽江市,南接保山市,是"三江并流"世界自然遗产核心区、重要生态功能区、民族直过区、涉边涉藏区和少数民族聚居区,辖1个县级市、1个县、2个自治县:泸水市、福贡县、贡山独龙族怒族自治县、兰坪白族普米族自治县。怒江州是全国唯一的傈僳族自治州,有傈僳族、怒族、独龙族、普米族、白族、藏族等22个民族,是全国民族族别成分最多和全国人口较少民族最多的自治州。

这片1.47万km²美丽的土地上,贫穷却如影随形,多年来困扰着22个民族的55万人民。截至2018年年底,在我国深度贫困地区"三区三州"("三区"指西藏自治区和青海、四川、甘肃、云南四省的藏区及南疆的和田地区、阿克苏地区、喀什地区、克孜勒苏柯尔克孜自治州四地区;"三州"指四川凉山州、云南怒江州、甘肃临夏州)中,怒江州的贫困发生率位居首位,高达32.52%,是"三区三州"其他地区的3~10倍。四县(市)均为深度贫困县,集"边间、民族、贫困"为一体,无高速公路、无航空、无铁路、无水运、无管道运输,怒江州是全国唯一的"五无"州市。在脱贫攻坚战中,"怒江之役"可谓难中之难、困中之困、坚中之坚。

在怒江州决战决胜脱贫攻坚的关键时期,2019年4月10日,习近平总书记给贡山县独龙江乡群众回信,祝贺独龙族实现整族脱贫,"脱贫只是第一步,更好的日子还在后头"。勉励乡亲们再接再厉、奋发图强,同心协力建设好家乡、守护好边疆,努力创造独龙族更加美好的明天。

党的十八大以来,以习近平同志为核心的党中央把贫困人口脱贫作为全面建成小康社会的底线任务和标志性指标。怒江州委、州政府按照党中央、国务院的决策部署以及省委、省政府工作要求,加快推进脱贫攻坚:易地扶贫搬迁正在顺利推进,交通基础设施正在逐步完善,扶贫项目正在加快实施。

随着脱贫攻坚取得突破性进展,怒江州农房建设将进入高峰期,如不及时对农房建设进行规范和管理,怒江峡谷两岸的民居将会逐步丧失原有的民族风貌和地域特色。因此,如何保留其文化记忆与价值、延续乡村聚落自然肌理、传承地域特色风貌,成为怒江州亟须处理的问题。

为了能在脱贫攻坚和经济建设中更好地体现地域特征、民族特色和时代风貌，把乡村规划建设工作提高到新的水平，真正改善居民居住条件，引导和规范农房和美丽乡村建设，受怒江州人民政府的邀请，2019年4月，中国建筑学会发动并组织中国建筑设计研究院有限公司、北京建筑大学、中国城市规划设计研究院、北京市建筑设计研究院有限公司、沈阳建筑大学、云南省设计院集团有限公司6家单位的专家团队，针对怒江州农房建设与乡村振兴面临的问题和挑战，启动了专项研究与设计帮扶计划。

在中国建筑学会的牵头组织下，6家参与单位派出在国内乡村建设领域知名的专家团队，坚持"从群众中来，到群众中去"的原则，奔赴怒江州各区县的村落基层开展深入的调查研究。各团队结合多年的研究实践积累和专业优势，在充分尊重农民安居需求和农房建设实际的基础上，按照生态优先、适用经济等原则，依据当地气候变化、地域风貌、民俗风情、文化传承、功能需求，结合地域传统建筑文化元素和空间结构特征，综合考虑农房建筑结构安全和农户经济承受能力等条件，注重乡土材料、乡土工艺的应用，因地制宜设计一批农民喜闻乐见且功能现代、风貌乡土、成本经济、结构安全、绿色环保的宜居型示范农房。

经过为期一年的系统研究和广泛研讨，针对怒江地区农房建设与乡村可持续发展，形成了一系列具有针对性、切实可行、行之有效的设计与技术研究成果，获得了怒江州政府和乡村基层的高度肯定。因此，基于此次设计帮扶工作成果的深化和总结，中国建筑学会组织6家参与单位编写本书，分别针对泸水、福贡、贡山三地特有的民族文化和地域特色，一方面展开对各少数民族的传统农房修缮类和改造类技术指引，另一方面提出当地新建农房的建设指引方案，合理设计农房居住空间、储物空间和生产空间，提高结构体系的安全性能，为村民打造舒适的生活环境和便捷的建造方式。在布局方面，做到功能分区明确、结构布局合理、实用方便；在建筑选材上，本着因地制宜的原则，选用当地建材，方便就地取材，降低建设成本；房屋质量上，规范了农房建设中基础、框架结构、屋架结构、屋面结构等结构设置，提出了各部位具体做法，提高农房建设质量；在居住舒适度上，专门针对火塘排烟方式提出了改进方式，并提高了房屋的通风、采光、保暖、消防、安全等需求。同时从整体风貌环境、房屋建设到基础设施列举出一系列正负面案例清单，帮助政府相关部门加强设计实施阶段的监管和管控作用。

全书由北京建筑大学统稿，中国建筑学会编著。其中，泸水篇修缮类农房建设指引、改造类农房建设指引以及新建类农房建设指引中的金满勒墨族千足屋设计方案由中国建筑设计研究院有限公司编撰，新建类农房建设指引中古登乡傈僳族民居、片马镇景颇族民居、老窝乡白族合院民居由沈阳建筑大学建筑与规划学院编撰；福贡篇乡村聚落布局指引由中国城市规划设计研究院编撰，改造类农房建设指引与新建类农房建设指引由云南省设计院集团有限公司编撰；贡山篇规划建设指引、新建类农房建设指引由北京市建筑设计研究院有限公司编撰，改造类农房建设指引由北京建筑大学编撰；工作组织模式、农房建设现状与正负面案例清单由北京建筑大学根据各单位内容汇总编撰而成。本书由中国建筑学会、北京未来城市设计高精尖创新中心、国家自然科学基金重点项目"中国传统村落保护发展的理论与方法研究"（51938002）共同资助出版。

本次农房设计帮扶工作中，始终强调以地域为本，既深入挖掘民族文化资源，又充分体现时代气息；既注重农房单体的个性特色，又注重乡村整体的风貌保护。我们期望在持续发挥指导和示范效应的同时，激发建筑界以及社会各界对贫困农村地区建设的关注与持续帮扶，探索并践行多元参与的乡村振兴创新模式。

中国建筑学会

目录

第 1 章

工作组织模式

近年来，云南省怒江州扶贫攻坚工作取得了突破性的进展，农房建设也逐渐进入高峰期。如何在改善农村居民居住条件、提升房屋安全性能的同时，延续传统村落自然机理，保持地域特色和民族风貌，传承传统营建智慧与文化记忆，成为怒江地区农房建设工作面临的核心挑战。

在此背景下，2019年3月，怒江州人民政府邀请中国建筑学会在怒江州开展农房建筑设计帮扶工作。经过为期一个月的筹备，中国建筑学会发动北京建筑大学、中国建筑设计研究院有限公司、沈阳建筑大学、中国城市规划设计研究院、北京市建筑设计研究院有限公司、云南省设计院集团有限公司6家国内知名建筑规划高校与设计单位，选派30余位在乡村建设领域具有丰富经验的专家团队组建设计帮扶联合工作组，并在修龙理事长、赵琦副理事长的带领下，于4月11日抵达怒江州，正式启动"怒江州建筑设计帮扶工作"。

根据怒江州下辖的泸水市、福贡县、贡山独龙族怒族自治县三个地区沿怒江线性布局的特点，工作组采用总体协同，分工深入的组织模式。具体由北京建筑大学负责统筹协调工作，中国建筑设计研究院有限公司和沈阳建筑大学联合负责泸水地区，中国城市规划设计研究院和云南省设计院集团有限公司联合负责福贡地区，北京建筑大学和北京建筑设计研究院有限公司联合负责贡山地区。

1. 目标定位

怒江州建筑设计帮扶工作，旨在贯彻中国建筑学会助力"三区三州"脱贫攻坚、设计帮扶工作的核心精神，针对怒江地区农房建设面临的实际困难和挑战，以改善农民居住条件和居住环境、延续民族风貌和地域特色为目标，设计一批可复制的农房，为地区性推广奠定基础。

通过示范房的建设，确保村民能够读懂农房设计方案，发动当地传统工匠和村民进行修缮、改造、新建农房，培养村民的现代意识与文化自信，带动乡村的物质文化建设，更好地满足村民对美好生活的向往。

2. 工作展开

怒江州建筑设计帮扶工作于2019年4月正式启动，经过联合工作组全体专家团队历时5个月全力投入，于8月向怒江州人民政府汇报，综合多方意见整理完善后提交正式成果，先后经历了前期研究、实地调研、研究论证、成果完善四个工作阶段。

联合工作组讨论会

（1）前期研究

在赴现场实地调研之前，工作组各团队便已启动了前期研究工作。通过搜集查阅地方志、地方统计年鉴、既有研究成果和实践案例等相关文献资料，系统梳理了怒江州的自然地理环境、历史文化环境、传统建筑特征、相关政策法规、农房建设面临的典型问题与挑战等多方面信息。以此为基础，各团队制定了详实且具针对性的现场调研计划，并在人员、物资和设备方面进行了充分的准备，为后续实地调研工作的顺利开展作好了准备。

（2）实地调研

在实地调研过程中，联合工作组采用总体协同，分工深入的组织模式，从宏观、中观和微观多个层面兼顾调查研究的全局把控和重点深入。一方面，由沈阳建筑大学建筑与规划学院院长张伶伶、北京建筑大学副校长张大玉、北京市建筑设计研究院副总建筑师李亦农、中国规划设计研究院西部分院院长张圣海、云南省设计院副总建筑师陈荔晓等各团队负责人组成专家组，在中国建筑学会理事长修龙、副理事长赵琦、学会村镇建设分会主任委员宋源的率领下，在怒江州州委常委、副州长陈少鹏的详细介绍和亲自陪同下，沿怒江而上对泸水、福贡、贡山三个地区进行了系统的考察，在系统调研农房建设现状的同时，与各基层部门、村民、工匠展开了广泛而深入的访谈和研讨，为研究制定和把控怒江州扶贫攻坚与农房建设发展策略，以及各团队协同开展设计研究奠定了重要的工作基础。

与此同时，由各单位专业骨干组成的工作组，遵循"从群众中来，到群众中去"的工作原则，分赴三个地区的农村基层开展全面深入的调查研究，为后续研究论证工作的开展获取了大量详实具体的一手数据。首先，通过基层访谈，对村镇管理人员、村镇技术人员、村民以及工匠进行访谈，有针对性地了解当地社会经济发展现状、人口与劳动力情况、家庭结构、生产方式、农房使用情况、当地建材加工企业、施工团队、工匠等现状，以及村民的居住需求、出资意愿等。

其次，进行民居建筑现状勘察与测绘。现场拍摄院落、房屋全貌、室内主要空间，以及反映建筑主要内容的照片；对房屋占地面积、使用功能、

现场测绘

高度、建筑形式、屋面形制、建筑结构、建筑材料、建筑装饰等进行勘测并绘制建筑平面图、立面图及剖面图；通过居民访谈和实地勘察，记录房屋现状及问题。

最后，进行市场调研与原料取样分析，关注当地主要建材的品种、产地和价格，以及当地工匠、施工团队等发展现状。对当地自然资源（如土壤）

市场调研与原料取样

取样，带回实验室进行分析，检测该资源是否适用于当地农房建设。

（3）研究论证

在研究论证阶段，联合工作组始终坚持以实际问题为导向，通过多轮次的共同研究讨论，结合各地区现状特点和各团队经验与专业优势，针对怒江州各地区农房建设面临的普遍共性问题和地方典型问题，制定了相互协同、各有侧重的研究工作策略。其中，中国城市规划设计研究院以村落规划设计指导为主要研究方向，云南省设计院集团有限公司以农房单体建设与改造为主要研究方向，力求从宏观到微观、从整体到单体，形成统一的农房设计帮扶指南。北京建筑大学与北京建筑设计研究院有限公司分别针对改造类建筑和新建类建筑，从空间功能、结构体系、材料构造三个层面，一方面对居住环境质量与舒适度进行系统提升，另一方面引入现代房屋建造系统及设备进行技术革新，探索符合当地发展现状和村民实际需求的适宜性技术和农房建造体系。中国建筑设计研究院有限公司和沈阳建筑大学

团队则以问题为导向进行农房建设指引，提出"造血式"农房建设模式，针对建筑细节、典型结构归纳总结民族特征符号，结合气候特点、地域风貌、功能需求、民俗风情、文化传承等提供多种造价选择的农房建造方案，并以图示连环画形式表达，为村民提供可具体实施指导。

在此过程中，联合工作组与怒江州住房和城乡建设局与当地居民保持密切联系并征求基层意见，以确保各项设计与技术措施符合地方的实际需求和应用条件。

（4）成果完善

在研究设计成果逐步形成的过程中，联合工作组内部针对农房功能布局、结构体系、围护结构、家具与收纳设施等农房建设涉及的诸多方面内容，展开了充分的交流研讨，旨在探讨出操作性强的农房设计方案，为怒江州农房建设与改造提供指导，并以正负面清单形式对乡村风貌和农房建设进行指引。

中国建筑设计研究院有限公司和沈阳建筑大学团队研讨会

北京建筑大学和北京市建筑设计研究院有限公司研讨会

阶段性成果交流研讨会

与此同时，为确保研究设计成果质量与实际应用的可行性，中国建筑学会组织了多次阶段性成果交流研讨会，邀请怒江州相关各方代表与国内乡村建设领域的专家，从成果内容的针对性、实操性和可持续性，以及成果表达的严谨和准确性等多个层面，为工作组提出了大量重要的建设性意见。

经过多轮的研究论证，联合工作组于 2019 年 8 月完成了设计研究成果，针对怒江各地区农村基层建设工作的实际需要，形成了 6 部图文并茂、各有侧重的农房建设技术指导图册，并提交怒江州政府。

3. 跟踪示范

经过为期一年多的跟踪指导和基层反馈，怒江州相关部门和传统工匠、村民在帮扶设计成果的指引下，以体现地方色彩、乡村风貌为出发点，确定农房建设规模和建筑形式，因地制宜开展农房建设，注重采用乡土材料、乡土工艺，加强了对传统建造方式的传承和创新，并运用绿色节能的新技术、新产品、新工艺。截至 2020 年 12 月，怒江州基本完成了危房改造，

并在泸水、福贡及贡山地区建成一批农民功能现代、风貌乡土、成本经济、结构安全、绿色环保的宜居型示范农房。可以说，设计帮扶对于怒江州各地区农房建设的良性科学发展与扶贫攻坚工作的深入推进，发挥了十分积极且富有成效的促进作用。

示范农房 1

示范农房 2

第 2 章

农房建设现状

2.1　现状条件

2.1.1　区域概况

1. 区域位置

怒江傈僳族自治州（以下简称怒江州）位于云南省西北部，地处东经98°09′~99°39′，北纬25°33′~28°23′之间。因其地处怒江中游，因怒江由北向南纵贯全境而得名。怒江州是中缅滇藏的结合部，有长达449.5km的国界线。怒江州北接西藏自治区，东北临迪庆藏族自治州，东靠丽江市，东南连大理白族自治州，南接保山市，政府驻泸水市六库镇。

怒江州总面积14703km²，人口52万，少数民族人口比例占总人口的92.2%，其中傈僳族占51.6%。辖泸水市、福贡县、贡山独龙族怒族自治县、兰坪白族普米族自治县，即1个县级市、1个县和两个少数民族自治县。

泸水市位于怒江州南部，州政府所在地，北与福贡县接壤，东北与兰坪白族普米族自治县毗邻，东与大理白族自治州的云龙县相邻，南靠保山市的隆阳区，西南连腾冲市，西与缅甸接壤，总面积3203.04km²，国境线长136.24km，占云南省边境线的3.36%。泸水市境内居住着傈僳族、白族、怒族等21个民族，少数民族人口占总人口的87%。

福贡县位于怒江州中部。东与兰坪白族普米自治县和维西傈僳族自治县交界，南与泸水市相连，西与缅甸接壤，北与贡山独龙族怒族自治县相邻。边境线长142.218km。总面积2756.44km²。南北最大纵距112km，东西最大横距23km。

贡山独龙族怒族自治县位于怒江州北部，地处滇西北怒江大峡谷北段，东与云南省德钦县、维西傈僳族自治两县相连，南与怒江州福贡县相邻，北与西藏自治区察隅县接壤，西与缅甸联邦毗邻，国境线长达172.08km，面积4506km²。少数民族人口占总人口的90.39%，主要包括怒族、傈僳族、独龙族等少数民族。

兰坪白族普米族自治县，地处怒江州的横断山脉纵谷地带，北接维西傈僳族自治县，东北连玉龙纳西族自治县，东南靠剑川县，南邻云龙县，西与泸水市、福贡县接壤。其面积4388km²，辖4乡4镇，总人口21万人，境内居住有白族、普米族、怒族、藏族、汉族、傈僳族、彝族等14个民族，是中国唯一的白族普米族自治县。

怒江第一湾

2. 地理环境与自然资源

怒江州内地势北高南低，南北走向的担当力卡山、独龙江、高黎贡山、怒江、碧罗雪山、澜沧江、云岭依次纵列，构成了狭长的高山峡谷地貌。境内最高点为高黎贡山主峰嘎娃嘎普，海拔 5128m，最低海拔为怒江河谷，海拔 738m。

境内除兰坪县的通甸、金顶有少量较为平坦的山间槽地和江河冲积滩地外，多为高山陡坡，可耕地面积少，垦殖系数不足 4%。耕地沿山坡垂直分布，76.6% 的耕地坡度均在 25° 以上，可耕地中高山地占 28.9%，山区半山区地占 63.5%，河谷地占 7.6%。

已知高等植物 200 多个科、680 余属、3000 多种。植物资源主要树种有云南松、油杉、滇青风、元江栲、大叶南烛、香白珠、马桑、木姜子等，经济树木丰富。

3. 气候条件

州境内天气变化大，气候各异。怒江州气候具有云南年温差小，日温差大，干、湿季分明，四季之分不明显的低纬高原季风气候的共同特点，同时因受地貌和纬度差异的影响，北部冷、中部温暖、南部热，高山寒冷、半山温暖、江边炎热，部分地区雨季开始特别早，干季短暂，温季持续时间长，无春旱，立体气候显著的独特气候特征。

4. 生产生活方式

州内居民生产以农业生产为主，家禽家畜养殖主要供自用，生产力较低，缺乏生产技术。早期以血缘为纽带形成社会共同体或村落公社，进入阶级社会后实行一夫一妻制。家庭通常规模较小，多为直系亲属形成的两代或三代同居。衣着朴素，注重吃喝，好客，好喝酒，性情豪爽乐观。

家禽家畜养殖

村内农田

5. 民族文化

　　傈僳族、怒族、独龙族同属古代氐羌族乌蛮部落彝语集团，唐代居于洱海邓川以北地区。唐后因战争失利，部落迁徙。一部分向东北迁往金沙江流域，受纳西族、白族、彝族文化的影响；一部分分三路向西迁往澜沧江流域，由于进入澜沧江、怒江的路线不同，导致部落分化。由北路进入贡山的一支在元代被称为"撬蛮"，后发展为今天的独龙族，受到藏族文化的影响；中路至维西；南路至福贡、泸水一带。

　　元代以后，为生存需要，自发西迁。由兰坪迁往福贡的卢蛮后发展为今天的怒族；由金沙江流域迁往怒江流域的卢蛮后发展为今天的傈僳族。

　　傈族、怒族、独龙族在历史上具有地理环境的相似性、经济生活方式的相似性、族源的同一性。然而，不同民族或聚落在空间组织、装饰表达方面存在着差异，傈僳族、怒族、独龙族的民族风情、文化音乐、艺术文字、建筑、信仰、行为方式、饮食起居、生活方式、宗教信仰等形成了怒江州独特的民族文化。

　　一是民族歌舞资源丰富，怒江州被誉为"歌的海洋、舞的世界"，傈僳族、怒族都有自己独特的歌舞艺术。

　　二是民族服饰文化资源丰富，傈僳族、怒族的服装个性鲜明，色彩鲜艳，怒族和独龙族都善于编织竹篾制品和麻制多色麻布，多彩的怒毯和独龙毯是著名的手工艺品。

　　三是民族民间工艺独特，有弩弓、起奔、笛哩图、挎包、服装、烟锅等民族民间工艺品。

　　四是民族节庆文化独特，主要有傈僳族阔时节、怒族开春节。

　　五是民族饮食文化资源丰富，傈僳族的手抓饭、同心酒和杵酒，怒族的肉拌饭、琵琶肉等。

　　六是历史积淀丰富，如匹河腊斯底吴符岩画、刮木必墓地、怒江第一任州长裴阿欠故里、里吾底外国传教士墓地、加车怒族土锅烧制地、古泉和拉旺达远征军归国路线等许多历史文化遗址。

　　七是原始宗教文化浓郁，民间至今仍保留着原始而充满神秘色彩的傈僳族、怒族图腾崇拜和祭祀礼仪，为民族民间艺术的发展和表演提供了活化石般的素材。另外，当地信仰藏传佛教、天主教和基督教。据统计，怒江境内有教堂 654 所，几乎村村都有教堂。

当地天主教堂

2.1.2　农房类型

1. 传统民居

1）千脚落地房

"千脚落地房"（即"千足屋"），这种干阑式建筑最能体现当地传统建筑风貌，其功能、结构以及材料的运用继承了当地少数民族筑房经验，同时与传统生产生活方式密不可分。

"千足屋"楼上住人，楼下架空，所用木材直径较小，数量多，根根落地，故称"千脚落地房"。房屋层高低，出檐深（1~1.2m），其横竖向构件全部用竹篾或藤条绑扎，外墙采用竹篾绑扎于房屋构架，屋面采用茅草或木板绑扎于屋顶构架。1950 年代后，经济的发展、先进技术和工具的传入，对建筑技术的发展起到了积极的作用，从"千足屋"的网式骨架承重结构体系发展至采用榫接的屋架、梁柱横向受力体系。在"千足屋"的基础上形成了穿斗式木结构干阑式建筑。

此类农房平面布局为矩形，单侧外廊，底层架空，一层为主要使用区域，屋顶下设夹层，剖面关系上分为三个层次，故此类型农房也称为"三层楼"。架空层堆放杂物；一层为堂屋及厨房（厨房原为卧室，随着现代生活发展，房间功能发生改变）；屋顶夹层为储藏空间。一层堂屋为家庭的主要空间，是日常起居、老人就寝、宴请宾客、家庭活动、举行仪式的多功能场所。火塘是堂屋的核心，从照明、取暖、炊事、除湿等生活功能到交流、祭祀等精神功能，均与火塘密不可分，是家庭与信仰的象征。

农房牢固性、稳定性较差，结构安全性低。墙体、屋盖均为由较多杆件组合成的网式承重骨架。主要构件为木构件，次要构件为竹、木构件。构件主要采用竹篾绑扎技术连接、固定，建造取材方便，加工简便，搭接简易，操作简单。农房围护系统（楼面、墙面、屋面）主要采用竹、木材料，但仅经过初步加工，物理性能较差，耐久性、防火性能差。

采光主要靠外围护墙体材料（竹篾）缝隙及墙体的顶部留空。出挑屋檐对建筑采光有一定遮挡。竹篾外围护墙、内隔墙、顶棚颜色较深，表面粗糙，加之多年火塘烟熏，反光率低，导致室内环境昏暗。通风则依靠楼面、墙面、屋面材料缝隙及墙面上部留空，具有一定的通风、除湿能力。火塘烟气通过外墙顶部留空、墙面屋面缝隙排出。

千脚落地房现状

木楞房现状

2）木楞房

木楞房即平座井干式房屋，房屋主体下部为架空层，垒石或木柱支撑主体结构；主体屋身为井干式墙体结构，既有承重作用又有围护作用；房屋屋顶为坡屋顶，小尺寸为单坡，大尺寸房屋为双坡，屋顶下架空层四周不做围合。

传统木楞房平面布局为长宽约9m的方形，以堂屋为主要空间进行排布。堂屋承担着客厅、起居室、厨房等多种功能，同时堂屋中又以火塘作为功能核心，传统的火塘不仅是饮食空间，还是一个家庭重要的公共空间和活动场域，是建筑中最有凝聚力的空间。沿堂屋四周设置各家庭成员的卧房，不设专门的储藏空间，卫生间则远离建筑主体单独设置，空间使用紧凑高效。

结构体系可以概括为三段式，这种结构方式可以有效解决由山地地形带来的复杂高差。基础层以木结构形成架空层或与砌石相结合增加强度，通风除湿的同时可用来饲养牲畜；中间层为木框架结构，并用木楞墙体进行围合，是主要的居住空间；屋顶层是用落地柱来支撑的连接屋顶与居住空间的夹层，一般用来晾晒粮食。此类结构的优点是主体结构、屋顶结构分离便于维修，缺点是窗、门尺寸不易过大。

3）夯土房

传统夯土房以土木作为基本材料，基础部分通过砌石加固，主要结构材料仍为木材，但围护墙体使用夯土泥墙。部分夯土房在当地住房改造过程中局部添加了混凝土基础进行强度的加固。

平面布局方面，夯土房与木楞房整体布局相似，延续当地以堂屋作为核心空间的布局思路，卧房与储藏间等环绕堂屋分布。

结构体系同样采用三段式结构，即底部是通过砌石支撑的基础层；中间是由木框架体系支撑与夯土墙围合的居住层；上部是由木柱支撑并不做围合的夹层，具有通风排烟的作用。

夯土房现状

三合院现状

4）合院建筑

白族民居以合院形式为主，分为三合院、二合院两种形式。

合院建筑有院墙围合，建筑平面布局多为长方形，且布置紧凑。合院式民居，正房、厢房均为三开间，分室独立向室外开放，2~3层，有些村民在平屋顶上加建钢结构雨棚，用于晾晒谷物，院内设有牲畜棚。主体为抬梁或穿斗式木构架，山墙夯土砌筑，屋顶为悬山或硬山式。门窗雕花以清新淡雅为美，典雅朴素，少有彩绘，以本色示人，雕花图案内容以如意、吉祥、平安、福寿为题材。

2. 现代民居

1）墙承重结构

本类农房多为 1960 年代后不同时期建造，采取落地式建筑形式。建筑层数多为 1~2 层，屋面有平、坡两种形式。根据建造材料不同主要分为：砖土混合承重—木（楼）屋盖结构房屋、石承重—木（楼）屋盖结构房屋、砖承重—木（楼）屋盖结构房屋、砌块承重—木（楼）屋盖结构房屋、砖承重—混凝土（楼）屋盖结构房屋、砌块承重—混凝土（楼）屋盖结构房屋。

此类农房的平面布局为矩形，四开间单侧外廊。端头一间为堂屋，其余房间为卧室。建筑主体直接落地，外廊出挑悬空。后加建的室外晒台结合地形架空。建筑整体脱胎于传统民居建筑形制，保留部分传统民居的特点。房间分隔明确。受制于排烟，未设置火塘。

建筑功能主要有堂屋及三间居室。堂屋依然具有多功能的特点。其他房间功能以就寝为主，同时兼储藏、学习等功能。架空层取消，屋顶夹层吊顶后不再使用。

结构形式为砌体承重墙 + 木屋盖，抗震性能差，承重墙与屋盖整体性差。通风方面，房间一侧设外窗，无法形成对流通风。主体建筑直接落地，防潮效果差。砖砌外墙保温隔热效果较好，钢门窗气密性较差，屋面结合吊顶形成空气间层。

墙承重结构现代民居现状

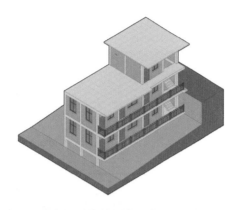

2）钢筋混凝土框架结构

随着社会、经济的发展，生存环境、生活方式的改变，外来建筑技术、建筑材料（钢筋、水泥等）的普及以及传统建筑材料取材的受限，农民自建房进入无序发展状态，对传统风貌形成巨大冲击。

此类农房采用钢筋混凝土框架结构，多为2~4层，底部顺应地形设架空层兼顾防潮，顶层局部设房间，其余部分作为屋面平台。平面布局为矩形，四开间，单侧外廊，端头为楼梯间，其余三间为功能用房，房间按功能需求独立分隔。受制于排烟问题，现代农房内部不设火塘，但在室外保留、搭建传统竹木简易房屋设置火塘，存在一定居住需求与传统生活之间的矛盾。

框架结构整体性、安全性、耐久性较好，外立面形式及内部空间分隔相对灵活。钢筋混凝土梁、柱、板及混凝土空心砖砌块填充墙保温隔热效果较好。房间两侧外墙设外窗，形成对流通风，底层顺应地形架空，也具有一定防潮效果。

钢筋混凝土框架结构现代民居现状

2.1.3　农房现状问题

　　传统民居类型的农房在建筑风貌上具有立足于本土地域的优势，但在功能方面，平面功能混杂、舒适度差、空间局促，缺乏独立的洗浴空间，人畜混居对室内卫生环境也有一定影响；而在结构性能方面，对木材资源耗费过大，利用效率相对较低，木构造节点较为随意，存在一定的安全隐患，尤其是工匠的水平不同，导致差异更大，已难以满足及应对当今快速发展的农村生产生活需求。

　　墙承重结构类型农房在建筑材料、结构安全上有提升，但对传统建筑的功能延续、风貌传承有欠缺，通风、防潮、排烟仍没有得到相应改善。

　　钢筋混凝土框架结构类型是现阶段新建自建农房的主要类型，在室内空间分隔的灵活性上较墙承重结构类型有较大提升，底部可按传统建筑依山就势进行架空及利用，但火塘空间未能融入室内，建筑外立面造型未根据当地传统建筑进行统一化、规范化建设，且存在建筑文化上表现不足的问题。

功能混杂

传统风貌破坏

外立面造型缺乏传统元素

2.2 问题与挑战

2.2.1 危房改造工程

怒江州通过实施"安居房"工程、危房改造工程,使贫困家庭的危房变新居,旧房展新颜,解决了基本住房安全问题,极大地提升了农房安全性能,也提高了当地村民的人居环境质量。

同时,实地指导、培训农民学习危房改造有关技术,充分激发当地老百姓的内生动力,让群众积极参与到农村危房改造建设中。

危房改造照片

2.2.2 自然环境

1. 地形地貌特征

怒江州地处滇西北怒江大峡谷，全境处于滇西横断山脉地带，地势呈"三山夹两江"的高山峡谷地貌。

聚落多坐落于平缓山谷、山坡，环境的限制使人们在建筑房屋时必须在地上打桩，分散房屋的承受力量，防止因地质原因造成的房屋倒塌。

2. 地域气候特征

整个县域内气候划分为两个区域，北部属于怒江大峡谷中段亚热带河谷区，立体气候和小区域气候特征明显，年平均气温 16.9℃，冬季无严寒，夏季高温多雨，昼夜温差大，降雨量丰富，每年有春、秋两个雨季，因此房屋在冬季重视取暖保温，在夏季注重通风除湿，以木楞房和夯土房为主。

南部属于怒江大峡谷中段暖温带半山区，年平均气温 13.8℃，四季如春，因此建筑需要具备隔热和通风的功能特性，以千脚落地式竹篾房为主。

怒江自然环境

2.2.3 经济技术

1. 材料资源

怒江地区森林资源丰富，农房建设就地取材，采用了就地可得的自然材料：木材为民居建筑的主要材料，通常整个建筑的结构都是用如杉木、松木等当地木材所造；屋面采用怒江所特有的可以切割的页岩；基础则是当地山上和河道中的石头。

但由于目前当地森林的禁伐和片石资源的限制开采，自然材料资源变得相对匮乏。随着该地域工业化的发展，一些常规的工业建材已经变成本地易得的材料资源。

2. 建筑技术水平

由于生产力水平相对低下，商品经济不发达，对外交流闭塞，导致当地建造技术水平总体较为低下，具体表现在：

①乡土建筑建造技艺水平比较落后，建造技术相对简单；

②人员相对匮乏，本地工匠少，且传统工匠日渐凋零；

③现代工具使用少，主要依赖手工及原始工具。

因此，找到基于工匠本地化的易用技术策略具有非常重要的现实意义。

当地施工现状

2.2.4　文化习俗

当地依然保留着传统生活习惯，生产生活变化相对较小。

生产方面，以农业生产为主，耕作方式粗放，生产工具简陋，刀耕火种的生产方式占着主要地位。

生活方面，人们对于居住建筑的需求表现为实用够用、短期临时、易得易建造，导致了建筑的发展长期停滞不前，一直保持着"原生态"。其中，尤其以堂屋火塘为核心的居住生活模式深入人心，日常起居围绕火塘展开，村民对火塘空间有强烈的依赖性。

当地生活习惯

2.3 目标与原则

2.3.1 目标定位

当地农房现状

针对怒江州农房现状可知，其自然逻辑、社会逻辑对民居形成过程中具有巨大意义。一方面聚落的形成与建筑的建造要满足自然地理条件，适应当地的气候、地形等诸多因素。另一方面又要考虑随着经济水平和技术水平的不断提升，其居住者对居住环境日益增长的需求。同时，还要在尊重当地生存生活、社会结构以及文化习俗的条件下，保证适宜性技术的延续与进化。总而言之，当地传统民居及其营建智慧具有应用潜力，但亟待结合今天的生活需求、经济与技术水平进行提升更新。

因此，从当地传统民居建构体系出发，充分利用本地易得的材料资源，针对目前农房建设中存在的问题，从空间功能、结构体系、材料构造三个层面，一方面对居住环境质量与舒适度进行系统提升（而非仅局限于形式、色彩与符号等表象因素），另一方面引入现代房屋建造系统及设备进行技术革新，科学凝练与传承传统营建智慧，探索符合当地发展现状和村民实际需求的适宜性技术和农房建造体系。

2.3.2 基本原则

1. 经济节约，施工简易

针对当地的农房改造项目应遵循经济节约的基本原则，采用低成本、高性价比、符合当地经济发展水平的现代材料；与此同时，还应采用低技术、易于操作、便于当地工匠与村民快速上手的建造技艺，激发村民主动学习与自发建造的兴趣，也能促进改造技艺在当地的传承和发展。

2. 安全环保，舒适实用

改造需在对当地传统建筑充分调研评估的基础上展开，详细分析当地建筑在防水、防潮、通风、采光等方面的不足与劣势，针对性解决问题。

改造方式应注重节能与环保，并将当地村民的真实使用感受放在第一位，通过选择合理布局及适当材料使用，获得高效、低耗、无废、无污、生态平衡的建筑环境。

3. 风貌协调，更新传承

传统民房的风貌特色是其在地域性、乡土性、文化性与生态性等方面的体现，遵循传统风貌更是展现生态环境和人文环境的必要方式。

因此，改造中应从外部保护传统风貌，彰显地方特色；同时，从内部提升功能空间品质，对建筑空间进行更新，以满足村民生产生活规律和现代生活需求，传承与更新改造并行。

4. 建材易得，产业推动

由于怒江州地处偏远，交通与运输成本较高，因此应吸收传统民房就地取材的建造智慧，充分利用地域建筑材料与当地易得的常规工业建材，减少资源的浪费并推动当地建筑产业的发展，在提升村民生活环境的同时，推动建筑产业发展，助力扶贫工作。

当地农房现状

第 3 章

泸水地区农房建设指引

沈阳建筑大学建筑与规划学院：

张伶伶、黄勇、孙洪涛、刘勇、韩晨阳、才俊、初金璐、李晓阳、林瀚、王旋清、朱希彤

中国建筑设计研究院有限公司：

修龙、宋源、李存东、陈同滨、苏童、李哲、杨茹、赵浩然、张丹丹、周旭然

3.1 修缮类农房建设指引——白族民居

3.1.1 原型特征

1. 院落布局

　　白族的院落布局大致可分为两坊一耳、三坊一照壁和六合同春三种类型。

白族民居院落布局

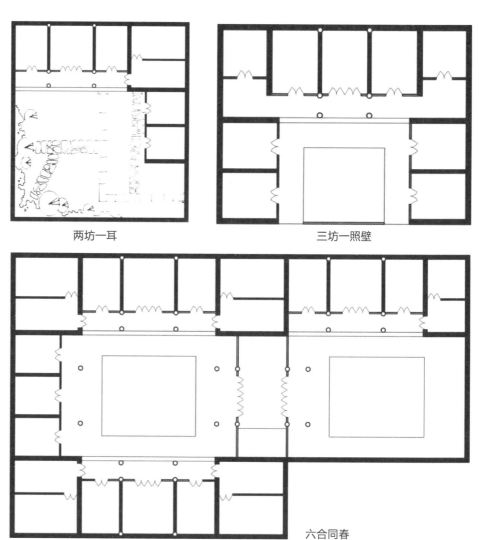

两坊一耳　　　　　　　　三坊一照壁

六合同春

2. 主房起居，耳房配套

天井、厦廊、客厅一体，形成开放空间（庭院），明间为客厅，次间为私密空间（卧室）；耳房作厨房、厕所等；两侧多堆积物品和粮食。

3. 主房两层，设有祖堂

楼上正中后墙做壁龛，设神坛和祖堂。

4. 土木结构，青瓦白墙

结构形式：土木结构，穿斗式。

建筑风貌：青瓦白墙、腰厦、飞檐翘角、照壁彩绘、木雕艺术、"崇白"风尚。

5. 飞檐翘角，照壁彩绘

照壁：表面不平，漫反射光源。

门楼：贴立式门楼、独立式门楼，均在院落左边或正房左边（左为大）。

彩绘：黛蓝色板蓝根汁；屋檐、腰檐装饰为山水、花卉或诗句；山墙装饰为山花；照壁装饰为山水、鸟兽、祝福语；围屏多为山水、鸟兽。

白族民居特征

3.1.2　问题导向

木构失稳

墙体坍塌

屋顶损毁

地面返潮

1. 木构失稳损坏

年代久远，结构失稳。木门窗出现裂缝、偏斜。传统门楼风貌缺失。

2. 屋顶损毁漏雨

屋顶杂草丛生，存在屋面漏雨现象。

3. 墙体坍塌开裂

年久失修，墙体出现裂缝或坍塌。墙基破损，石勒脚出现损毁。

4. 墙体返潮

由于墙体未做防潮措施，外墙容易渗水，造成建筑墙体破损。

5. 地面返潮破损

地面灰缝增大，返潮，导致地面不平、长杂草。

6. 装饰年久失修

彩绘装饰剥落，传统风貌逐渐消失。

3.1.3　修缮措施

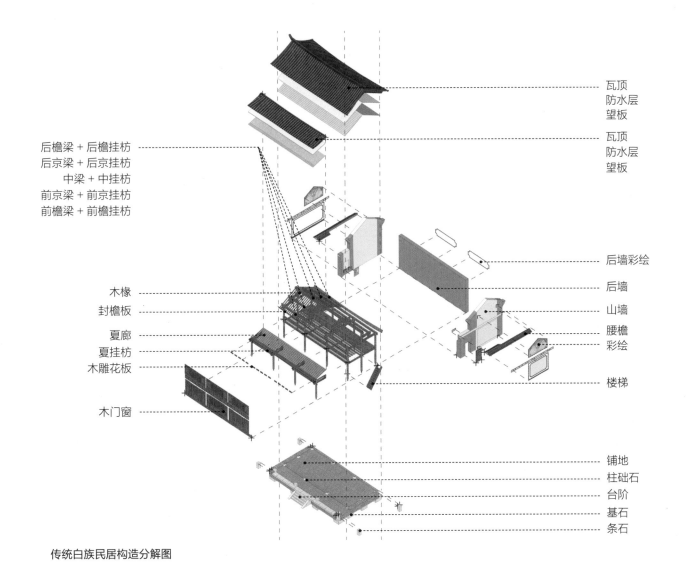

后檐梁 + 后檐挂枋
后京梁 + 后京挂枋
中梁 + 中挂枋
前京梁 + 前京挂枋
前檐梁 + 前檐挂枋

瓦顶
防水层
望板

瓦顶
防水层
望板

后墙彩绘

木椽
封檐板

后墙

山墙

夏廊
夏挂枋
木雕花板

腰檐
彩绘

楼梯

木门窗

铺地
柱础石
台阶
基石
条石

传统白族民居构造分解图

1. 木构失稳损坏的修缮

①当木架出现倾斜问题时，需要进行打牮拨正，具体步骤见本页图及下页图：

第一步，竖戗杆；

第二步，揭瓦片、拆望板；

第三步，露屋架；

第四步，去除木楔卡口；

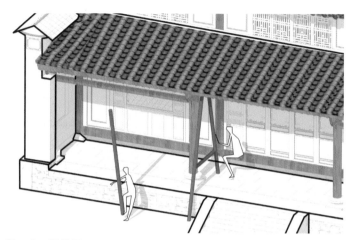

第一步，竖戗杆

第二步，揭瓦片、拆望板

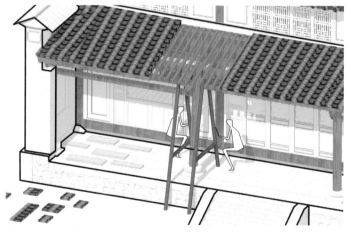

第三步，露屋架

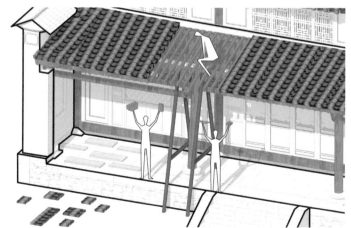

第四步，去除木楔卡口

木构失稳修缮步骤 1-4

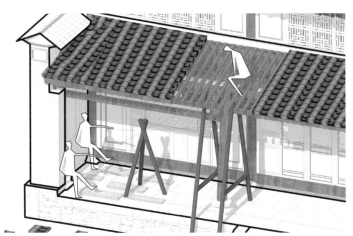

第五步，扶正构架，稳固戗杆

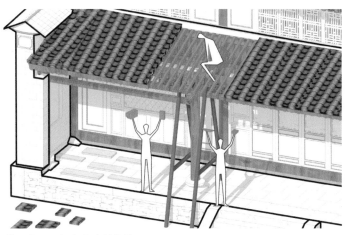

第六步，重新安装连接构件

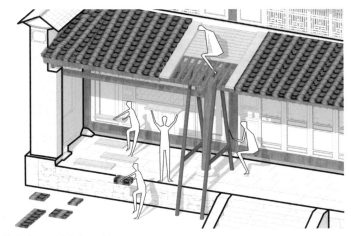

第七步，重安望板瓦片

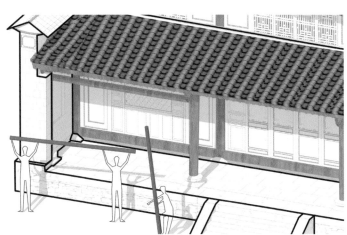

第八步，去除戗杆

木构失稳修缮步骤 5-8

第五步，扶正构架、稳固戗杆；

第六步，重新安装连接构件；

第七步，重安望板瓦片；

第八步，去除戗杆。

②当木柱出现整根损坏
的情况下，需要抽换整柱，
具体步骤详见本页图：

　　第一步，竖戗杆；

　　第二步，去除木楔卡口；

　　第三步，换新柱，

　　第四步，拆戗杆。

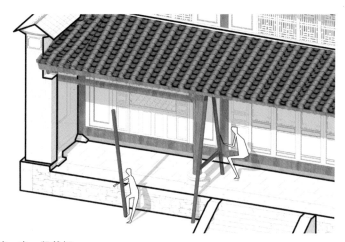
第一步，竖戗杆

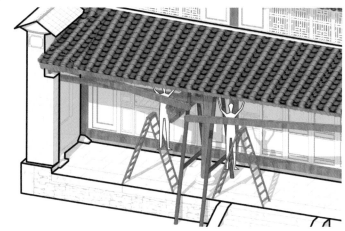
第二步，去除木楔卡口

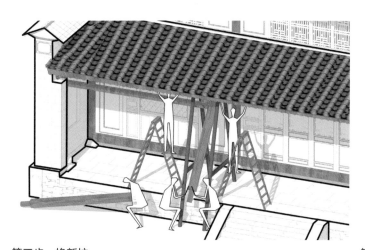
第三步，换新柱

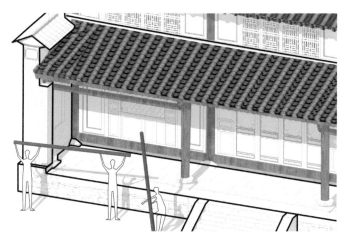
第四步，拆戗杆

抽换木柱步骤图

③当木柱出现部分损坏的情况下，需要局部更换。当有 1/5 糟朽时，以铁箍包镶稳固木柱；当有 1/2 糟朽时，需要局部更换木柱，以十字瓣墩接稳固木柱。

④另一种木柱损坏的情况下，需要通过加安辅柱的形式稳固木柱，通常以同等长度、样式的木柱以铁箍固定，共同承担竖向受力。

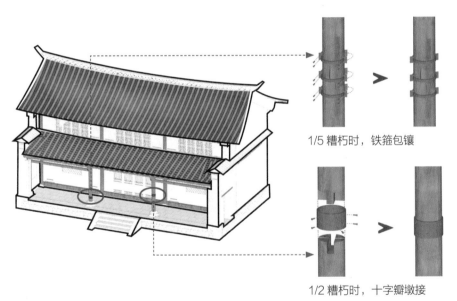

1/5 糟朽时，铁箍包镶

1/2 糟朽时，十字瓣墩接

局部更换木柱示意图

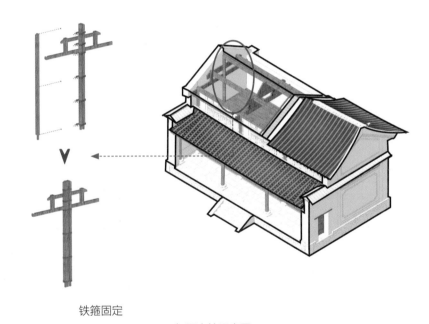

铁箍固定

加固木柱示意图

⑤当梁枋出现整体损坏，需要拆除梁枋，进行整体更换。

⑥当梁枋出现部分损坏，需要局部更替，衔接部位粘牢打钉，并以铁箍加固。

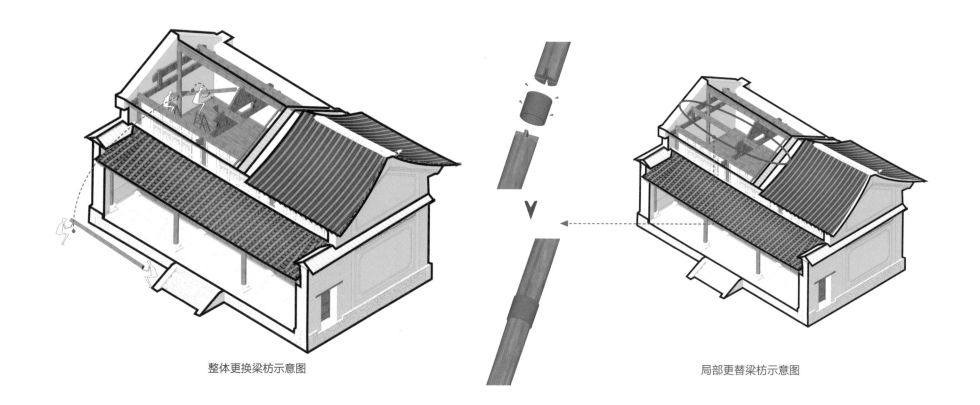

整体更换梁枋示意图

局部更替梁枋示意图

⑦当门窗等小木作缺失、损毁时,需要对门窗整体更换。

⑧当小木作局部裂缝时,只需对门窗木构局部维修,常以木条嵌缝。

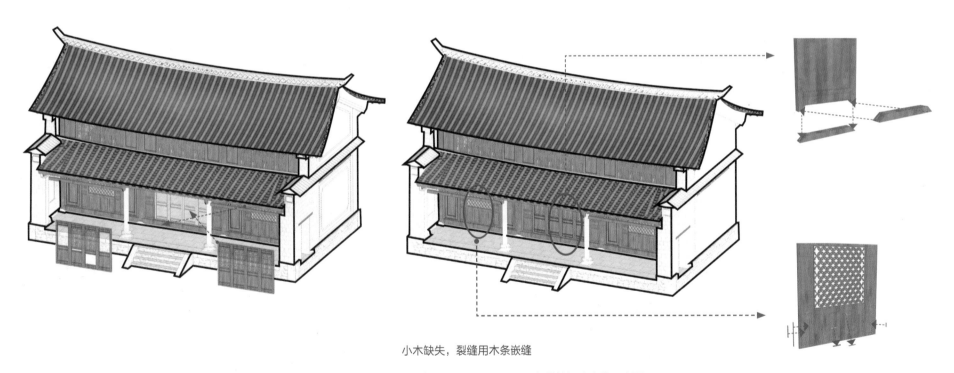

小木缺失,裂缝用木条嵌缝

整体更换门窗示意图

局部维修门窗木构示意图

2. 屋顶损毁漏水的修缮

当屋顶出现破损，有漏水情况的时候，需要对屋顶除草清垄，重新维修，首先要对屋顶清理，具体步骤详见本页图：

第一步，清除屋顶杂草；

第二步，冲洗屋顶；

第三步，斩草除根，打扫干净；这里要特别注意，不要穿皮鞋上屋顶，以免踩坏屋面。

第一步，清除屋顶杂草

第二步，用水冲净

第三步，斩草除根，打扫干净

特别注意：不穿皮鞋以免踩坏屋面

屋顶修缮步骤图

查补雨漏示意图

这里有个查找屋面漏点的小贴士:

查补雨漏,要在屋内漏雨的斜上方查找,雨水不沿垂直方向渗透。

在屋顶清洗后，需要对屋顶进行漏点修复。

第一步，抹灰修补：脱节、裂缝部分用小麻刀灰勾缝抹实。

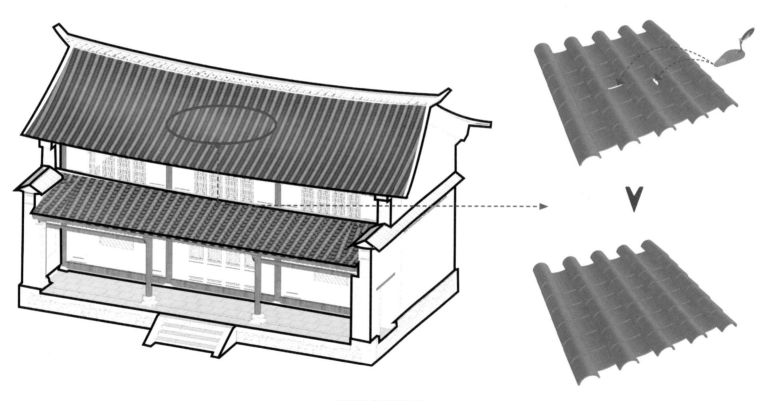

屋顶漏点修复步骤 1

第二步，更换瓦片：拆除损坏瓦片，新瓦插入旧瓦部分不少于瓦长的 1/2。

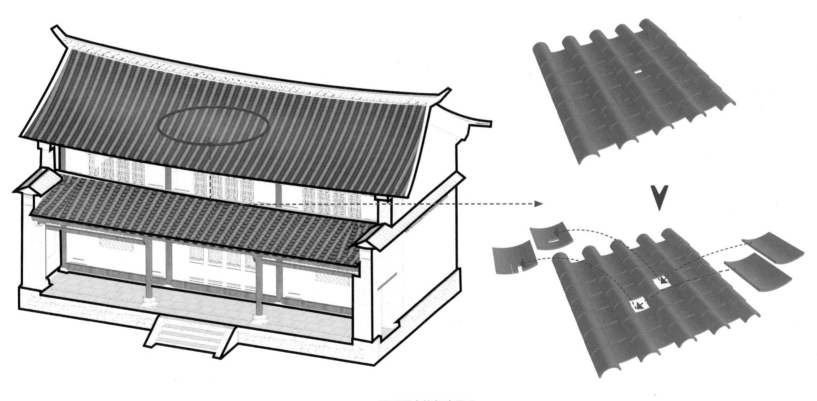

屋顶漏点修复步骤 2

第三步，需要局部增加防水，这样就修复了屋顶因损毁而漏水的问题。

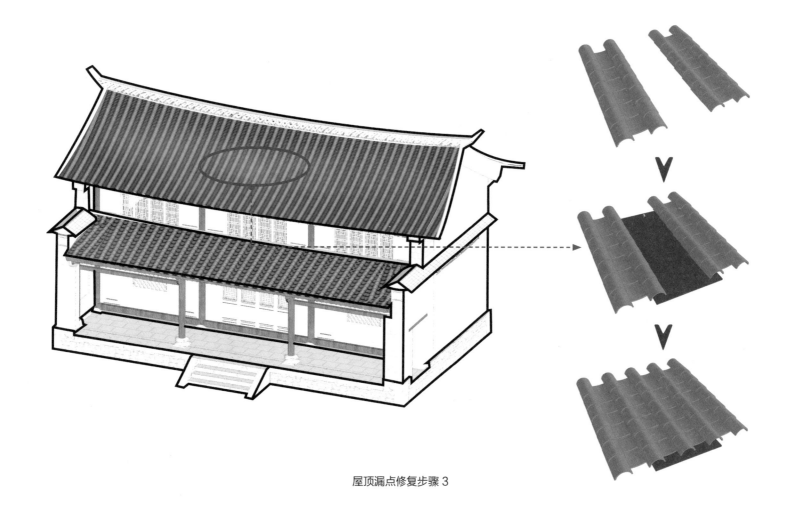

屋顶漏点修复步骤 3

3. 墙体塌陷开裂的修缮

①当新型砌体墙坍塌时，需要进行修复，具体步骤包括拆除残垣断壁、重新砌墙、粉刷墙面。

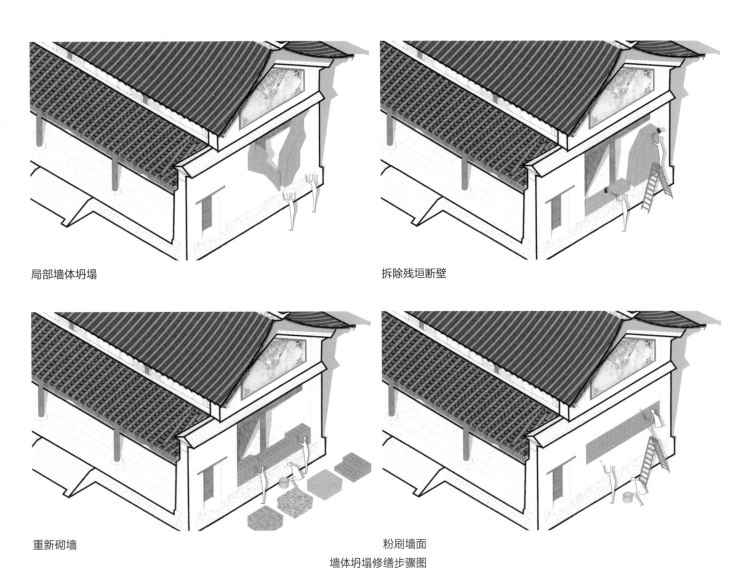

局部墙体坍塌

拆除残垣断壁

重新砌墙

粉刷墙面

墙体坍塌修缮步骤图

②当出现墙体局部开裂的情况下,进行修补时,具体步骤包括:在裂缝上方加过梁,拆除裂缝残砖重新砌筑,最后粉刷墙面。

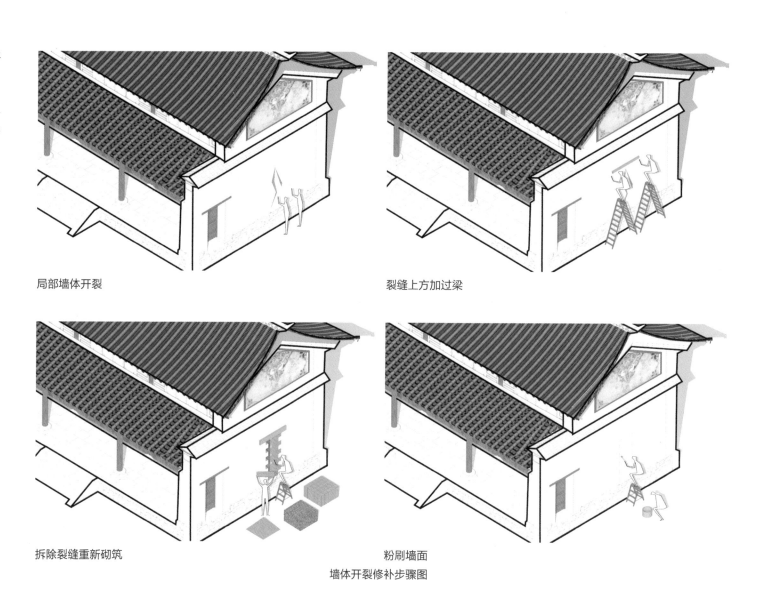

局部墙体开裂

裂缝上方加过梁

拆除裂缝重新砌筑

粉刷墙面

墙体开裂修补步骤图

③当墙基出现失稳时，需要对其进行加固，具体步骤包括：拆除破损墙基毛石，重砌毛石墙基，顶部增设防水，最后毛石加砌。

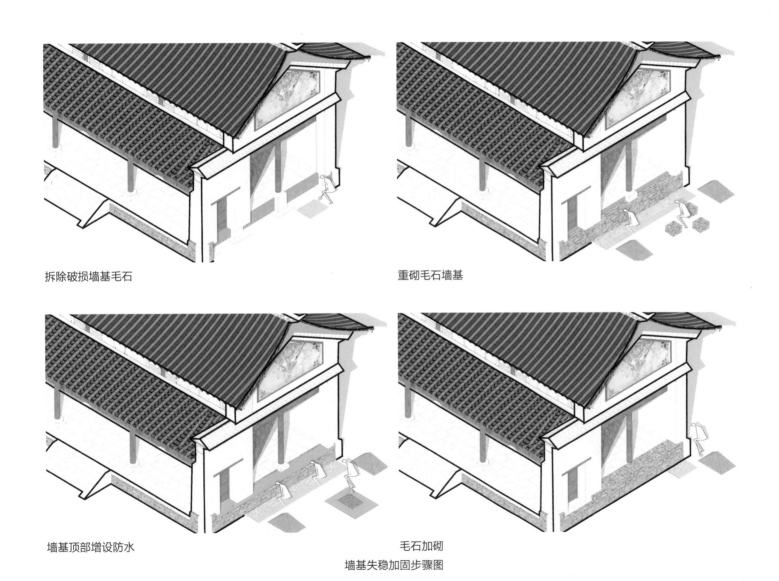

拆除破损墙基毛石

重砌毛石墙基

墙基顶部增设防水

毛石加砌

墙基失稳加固步骤图

④当墙基出现局部破损的情况时，需要对其进行墙基修缮，具体步骤包括：对其局部的归安与添配的正位和更换，再用油灰勾缝，最后颜色做旧，与周边墙基协调。

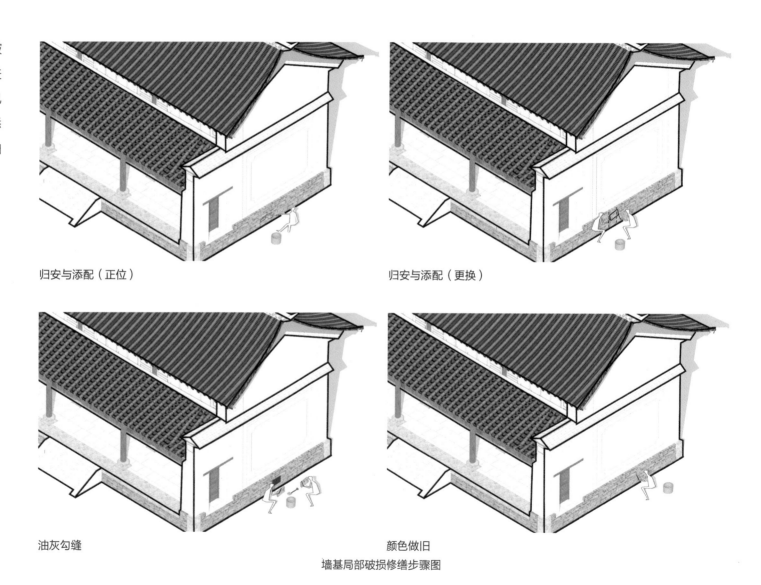

归安与添配（正位）

归安与添配（更换）

油灰勾缝

颜色做旧

墙基局部破损修缮步骤图

⑤当墙基出现大部分损毁时，需要对基础石角进行加固，具体步骤包括：首先对地基承载力观测，查找修复关键部位；其次分段掏修、修补基础；最后局部换土，达到石角加固的效果。

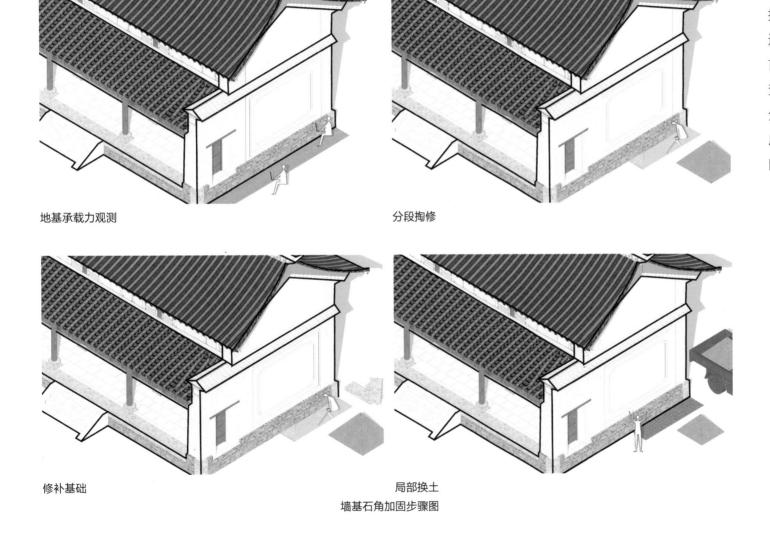

地基承载力观测

分段掏修

修补基础

局部换土

墙基石角加固步骤图

4. 墙体返潮破损的修缮

针对墙体返潮破损的情况，应对墙面进行防潮修补，具体步骤包括：

第一步，清除墙面白灰；

第二步，制作防水砂浆；

第三步，防水砂浆抹面；

第四步，待风干后粉刷外墙。

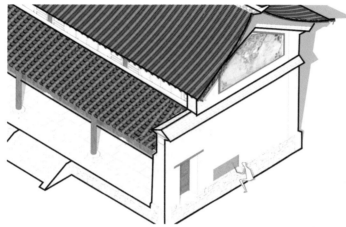

第一步，清除墙面白灰

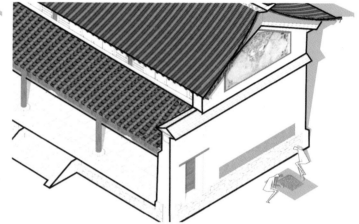

第二步，制作防水砂浆

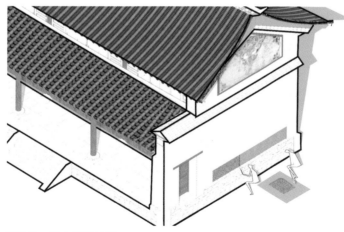

第三步，防水砂浆抹面

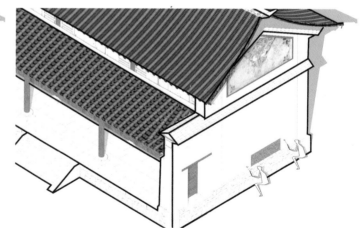

第四步，粉刷外墙

墙体返潮修缮步骤图

5. 地面返潮破损

当地面出现返潮破损的情况，需要对其进行修复，此时，需要重做地面，将地面垫层用重物整体夯实。

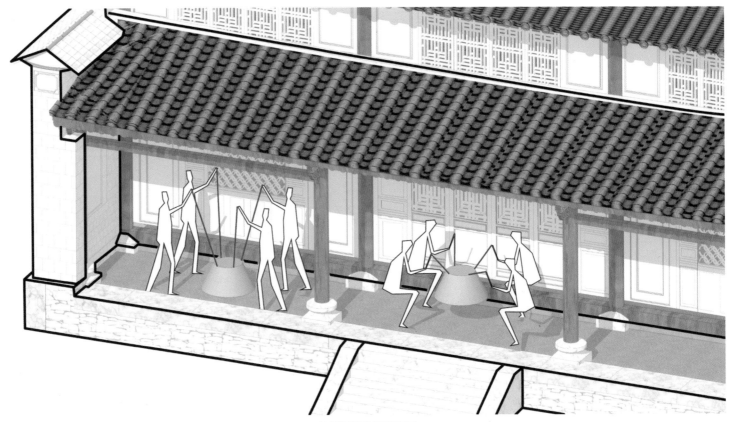

地面返潮修复示意图

①当局部地面层出现破损的情况下，需要局部修补，具体步骤包括：

第一步，针对地面进行平整度及防水观测，发现问题所在；

第二步，对问题面层局部更换；

第三步，用油灰勾缝，进行局部防水处理；

第四步，用小锤轻拍找平面层。

第一步，平整度及防水观测

第二步，局部更换

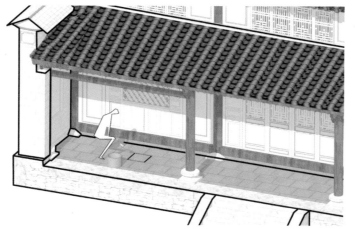

第三步，油灰勾缝

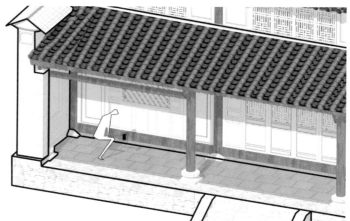

第四步，小锤轻拍找平

地面局部修补步骤图

②在对整体地面进行防潮处理时，需要进行更大动作，具体步骤包括：

第一步，拆除现状地砖；

第二部，制作防水垫层；

第三步，铺设防水砂浆；

第四步，重铺地砖，并用油灰勾缝。

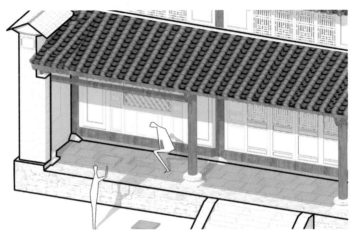

第一步，拆除现状地砖

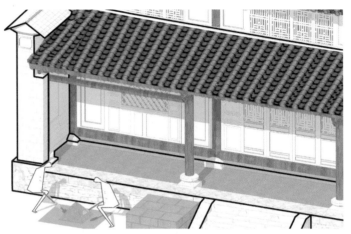

第二步，制作防水垫层

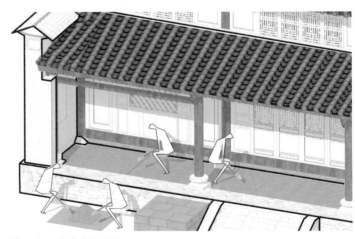

第三步，防水砂浆铺设

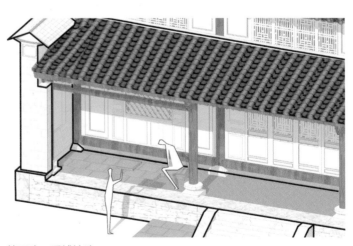

第四步，重铺地砖

地面整体防潮处理步骤图

6. 装饰年久失修的修缮

　　白族民居的装饰也是十分重要的，关于小木构装饰需要定期修补，与木作修复类似，需要局部更换或打钉粘牢。

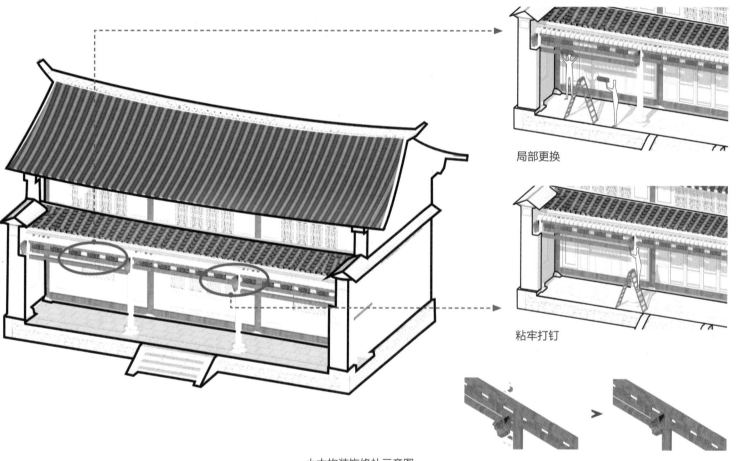

局部更换

粘牢打钉

小木构装饰修补示意图

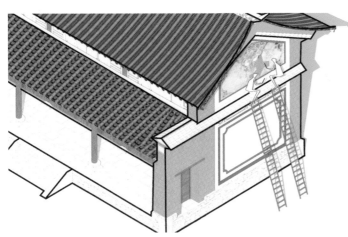

第一步，局部清除抹灰

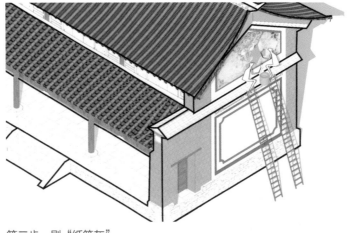

第二步，刷"纸筋灰"

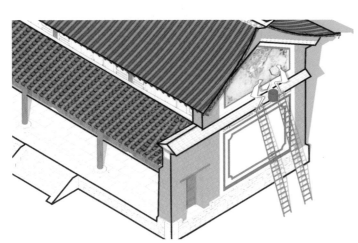

第三步，板蓝根汁在山墙、檐口、照壁绘画写字

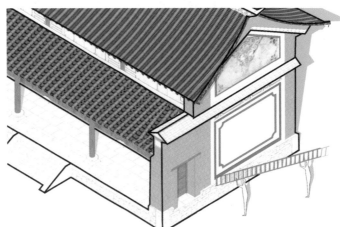

第四步，晾干

山墙彩绘修绘步骤图

白族民居山墙上的彩绘尤为具有民族色彩，需要定期修绘，具体修绘步骤如下：

第一步，局部清除损毁彩绘抹灰；

第二步，刷"纸筋灰"平整墙面；

第三步，以板蓝根汁调和的颜料在山墙、檐口、照壁上彩绘；

最后晾干即可。

3.1.4 提升策略

1. 设计效果

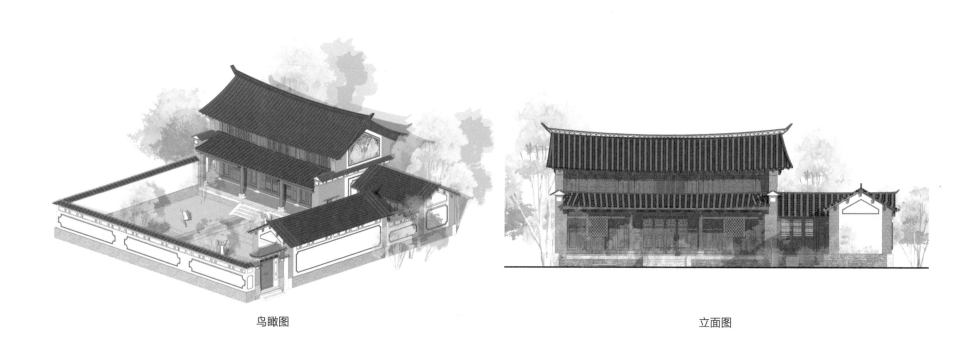

鸟瞰图   立面图

2. 功能提升

增设厨卫空间及排污设施。

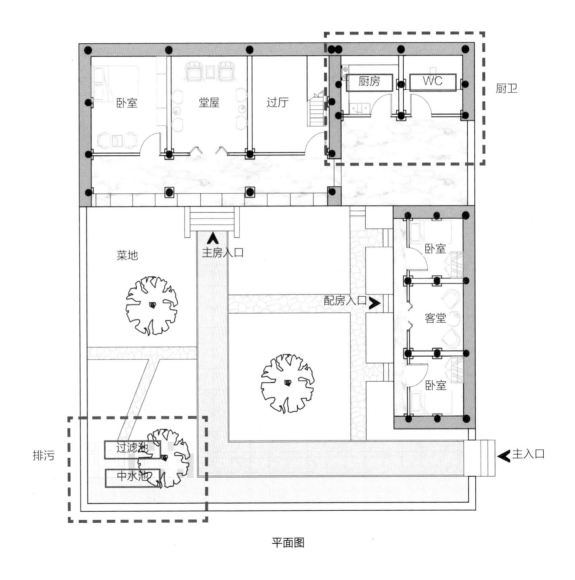

平面图

配房改造：增设简易太阳能淋浴房。

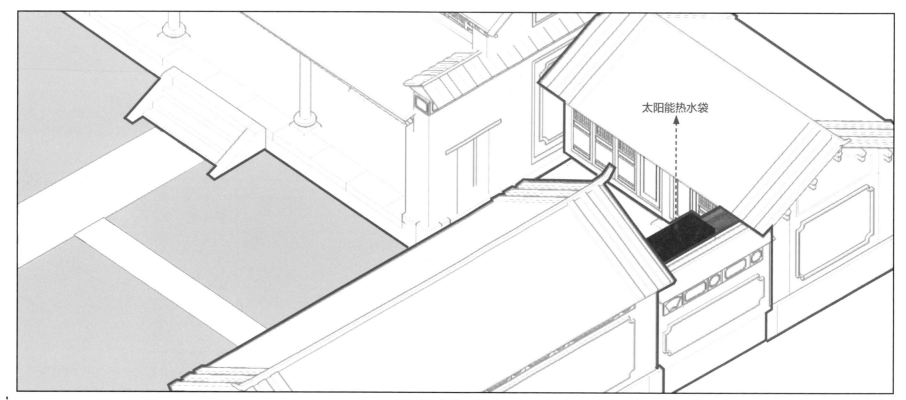

太阳能热水袋

增设太阳能淋浴房示意图

配房改造：增设干湿分离厕所。

①储粪池：建于半地下（深约 0.25m），池底平放一层砖头并灌水泥沙浆做好防水处理；

②储尿池：容积约 0.2~0.5m³，砌筑两池——储尿池和发酵池；保证尿液充分发酵，方便利用；

③导尿管道系统：使用 PVC 管或砖砌水泥槽导尿管道，将尿液统一导至贮尿池；

④排气管：储粪池安装排气管道，将臭气和发酵气体排出，顶端高于厕屋 5~10cm，通风口与当地盛行风向平行；

⑤晒板：将铁板双面涂沥青，与储粪池结合严密；

⑥粪尿分集式便器及蹲位：粪、尿收集口为塑料材质，尿收集口内径 3cm 为宜，粪收集口内径 16~18cm；落粪孔平时封盖。

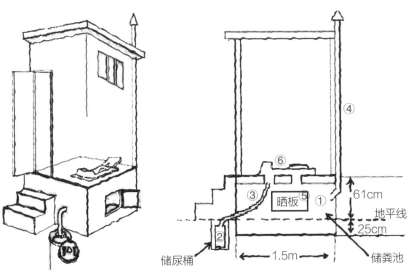

干湿分离厕所结构示意图

粪尿分集式便器及蹲位

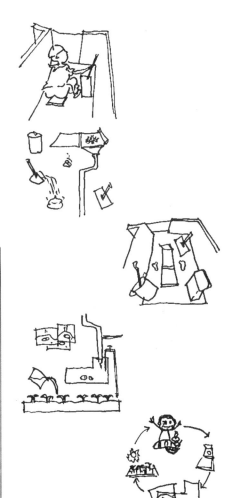

干湿分离厕所运作梳理

增加简易海绵菜地及中水收集池。

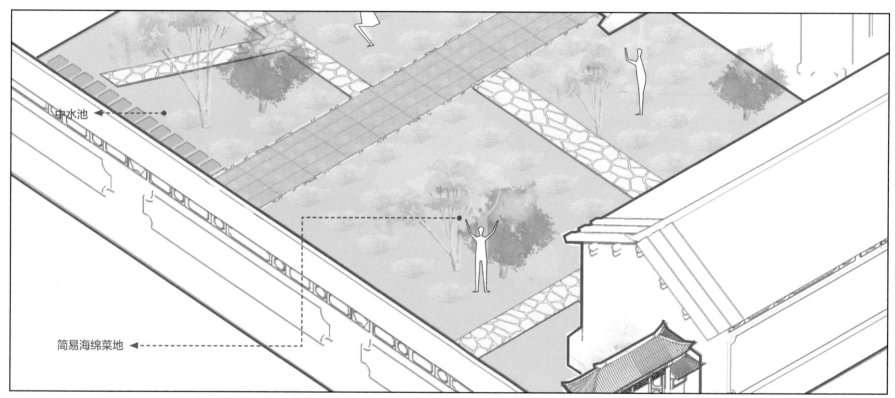

中水池

简易海绵菜地

简易海绵菜地及中水收集池示意图

3.1.5　配套政策

1. 三级验收

（1）村民验收

村民作为民居建设的主体，在民居建设完成后的第一时间应由村民进行验收检查，主要验收建筑是否满足村民生活的基本需求。

（2）质量验收

结构安全是建筑最基本的要求，建筑施工完成后，乡镇应请专业的结构验收相关人员对新建的民居建筑进行结构安全验收。

（3）风貌验收

最后由住房和城乡建设部门对其建筑风貌进行最终验收，为保持乡村风貌的协调，民居建筑应尽可能地与自然相协调。

设计效果

2. 定期修缮

（1）建筑保护

对于传统木构建筑进行定期维护，利用现代工艺对其木构进行三防处理；相对新型建材的建筑，如轻钢结构也应定期对其钢材进行防锈处理。

（2）环境保护

为保持生态健康的居住环境，村民们应加强环境维护意识，生活污水、牲畜污水在排放前应进行简单的净化处理。

（3）制度保障

针对建筑及环境的后续维护，应出台相应的制度保障，如《建筑维护制度》《乡村环境保护制度》，以及《奖惩制度》。

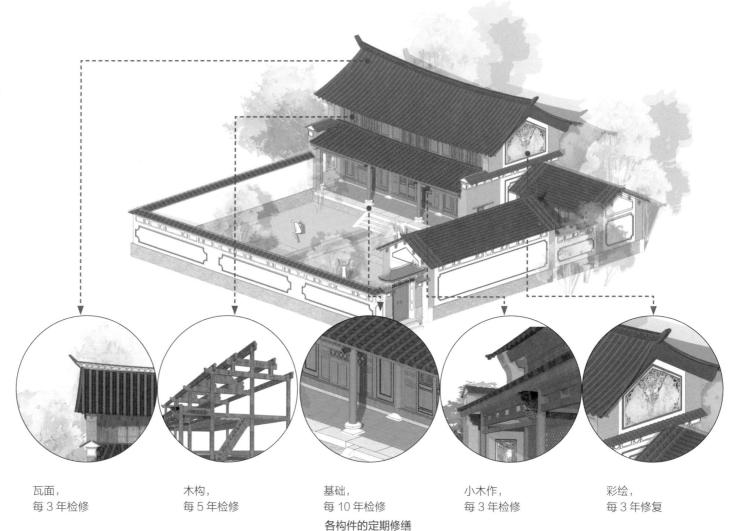

瓦面，
每 3 年检修

木构，
每 5 年检修

基础，
每 10 年检修

小木作，
每 3 年检修

彩绘，
每 3 年修复

各构件的定期修缮

3. 工匠制度

为规范乡村建筑施工管理及技术标准要求，进一步壮大农村工匠队伍、调动群众内生动力、真正实现房屋建设的主体责任人是农户本人，应对传统建造技能施工队的技术工种颁发相应的工匠证书。

各乡镇人民政府应高度重视此项工作，在传统民居新建、修缮、保护的工作中涌现出的传统匠人应被登记至乡村联建委员会中，为将来的农村基础设施建设储备人才。

关于对从事农村危房改造的农村工匠颁发证书的通知

各乡镇人民政府：

农危改清零工作已经到了攻坚拔寨的关键时期，奋战在农村危房改造第一线的广大农村工匠是推进农危改工作的技术力量和强有力的施工保障。2018 年我局对各乡镇的农危改施工队进行了针对农村危房改造的技能培训，现各乡镇的农危改在我局派驻的农危改专家精心培训指导下，已经能组织实施建设具有独特地域特点的农村房屋，并实现了遮风避雨，达到正常使用安全和基本使用功能。为了规范农村建筑施工管理，技术标准要求，继续壮大农村工匠队伍，调动群众内生动力，真正实现房屋建设的主体责任是农户本人的目标，市住房和城乡建设局将对农村危房改造施工队技术工种颁发相应的农村工匠证书。各乡镇人民政府要高度重视此项工作，要将政治素养高，在农危改过程中涌现的农村房屋建设技术达人收纳到农村联建委员会中。为将来农村基础设施建设储备人才。

泸水市住房和城乡建设局

2019 年 4 月 15 日

工匠证书

3.2 改造类农房建设指引——景颇族民居

3.2.1 原型特征

景颇族民居特征照片

图片边持柱来源：[1] 武莹 . 景颇族传统民居室内空间的演变与改良设计探索 [D]. 昆明：云南艺术学院，2020.

3.2.2　问题导向

1. 民族特色缺失

2. 居住空间杂乱

3. 室外空间单一

4. 精神空间缺少

景颇族民居现状问题照片

3.2.3 方案手册

1. 效果展示

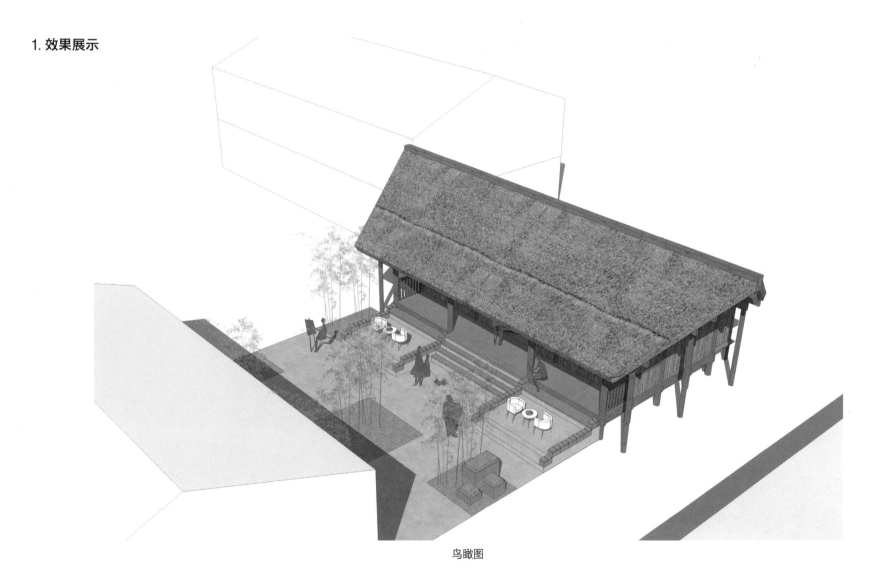

鸟瞰图

人视图

2. 平面图

新增

改建

新增

卫生间

卫生间

客房

民俗展厅

客房

0.150

0.150

起居

起居

±0.000

室外茶歇

室外茶歇

-0.500

-0.500

-1.000

平面图

3. 构造分解

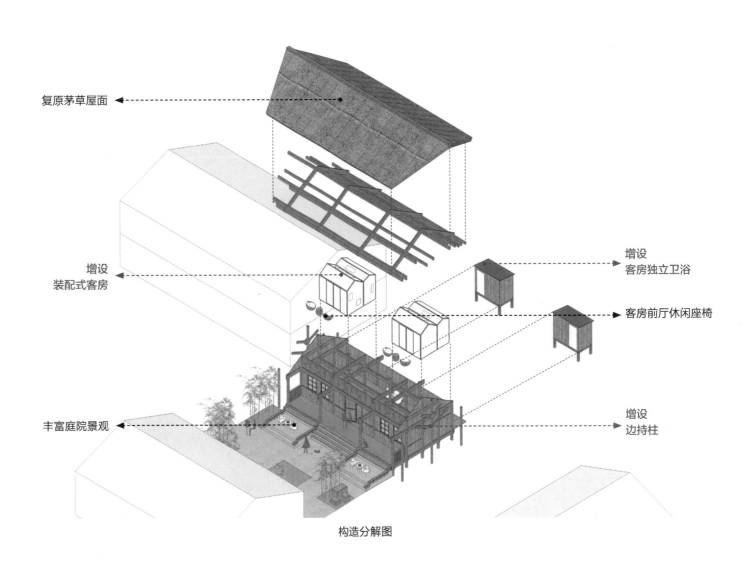

复原茅草屋面

增设
装配式客房

增设
客房独立卫浴

客房前厅休闲座椅

丰富庭院景观

增设
边持柱

构造分解图

4. 功能分区

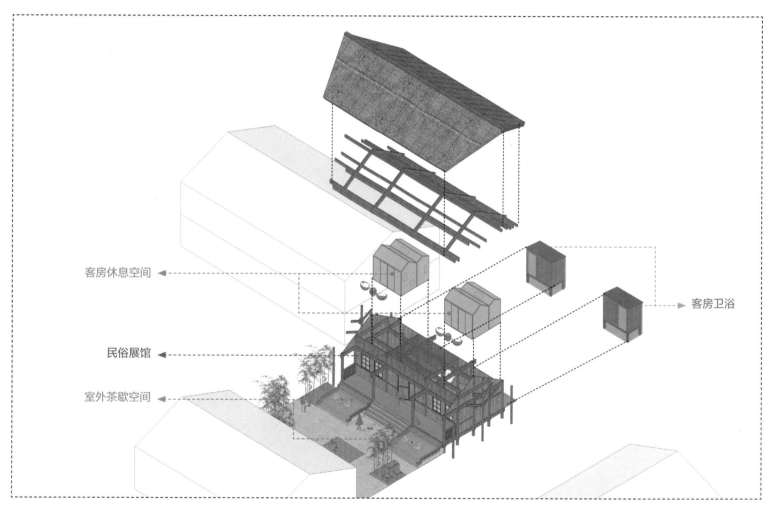

客房休息空间

客房卫浴

民俗展馆

室外茶歇空间

功能分区图

5. 材料应用

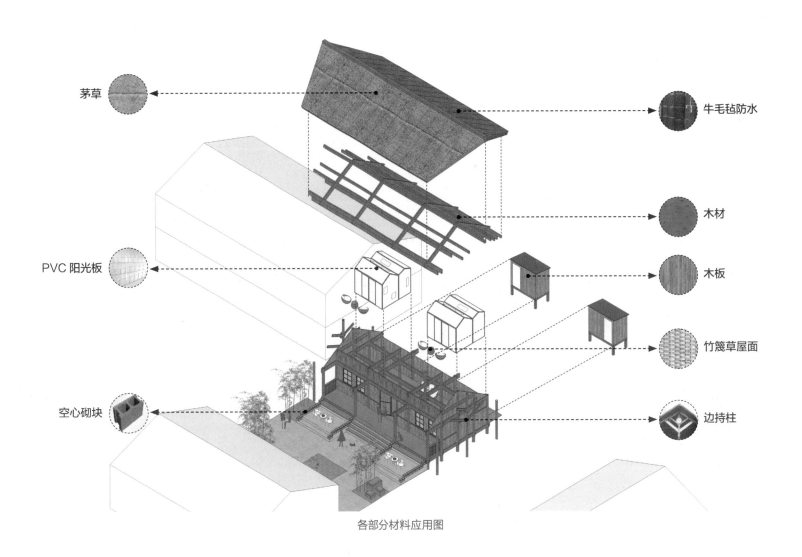

茅草

牛毛毡防水

木材

PVC 阳光板

木板

竹篾草屋面

空心砌块

边持柱

各部分材料应用图

3.3 新建类农房建设指引

3.3.1 金满勒墨族千足屋

1. 原型特征

金满勒墨族千足屋特征照片

（1）依山就势
坡地构筑，宅边种养。

（2）"三"的妙用
竖向三段：
底部家畜，中部住人
（2~2.5m），阁楼储藏。
平面三间（60m²）：
门口储藏，中部起居，
独立卧室。

（3）建构特征
小料结构，竹木构造。

（4）民俗特征
临空挑台，中心火塘。

2. 目标导向

在当地村民英玉成（下图右一）的帮助下进一步了解当地新建房的基本情况。

风貌深入人心，
不能走样

"在保存原有房屋结构的基础上，也可以结合现代房身结构，不过要把**房身仿造成原有图案。**"

"结构不变，可以还原房屋结构及仿木质材料；如果保存现在的房屋结构及木质材料的话，这个风俗不会变，前提是材料齐全。"

建造时间一天，
不能复杂

"由于我们这里盖房子亲朋好友互相帮助，材料找齐的话，一天能盖完（大约需要50-100人）。"

全村都会盖房，
不能高技

"村里人都会盖千足房。"
"外墙竹篾村民都会编织。"
"简单的榫卯可以做，太复杂的不可以。"

千元造价超低，
不能太贵

"按照原有房屋结构木质材料，实际资金投入大约1000-2000元左右。"

架空木质地板，
不变民俗

"我们这里办婚丧事时，人比较多，家里要杀猪、蒸酒；特别是办丧事，我们的风俗要用木棍剁木板，发出声音来。"

向村民了解情况

3. 问题导向

（1）结构安全性差

（2）材料耐久性差

（3）防水防火性差

（4）卫生防疫性差

（5）防虫防害性差

（6）采光排烟性

（7）缺乏家具设施

民居问题现状照片

4. 选择策略

木结构　　　　　　　混凝土结构　　　　　　石结构

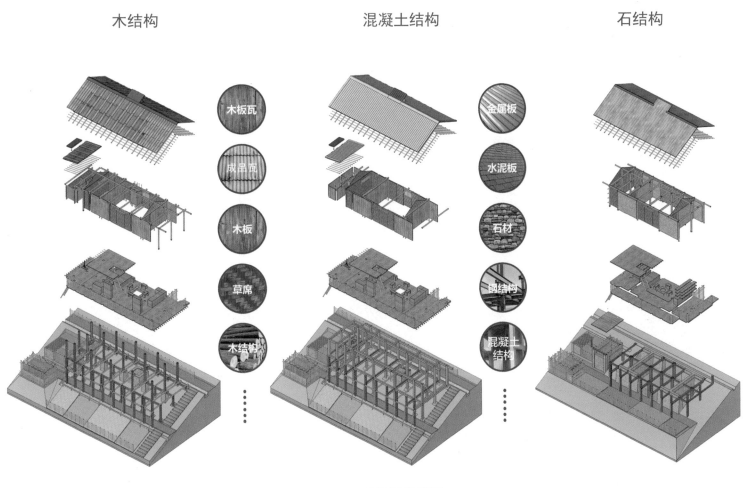

木板瓦

成品瓦

木板

草席

木结构

金属板

水泥板

石材

钢结构

混凝土
结构

不同的材料特
点可以形成不同的
结构及构造类型，
根据主要承重结构
体系的不同，可将
房屋分为三大类：
木结构、混凝土结
构和石结构。

每种结构体系
均针对前文提到的
各类问题有对应的
解决措施。

结构体系示意图

（1）结构安全性能

根据不同结构类型选择设置通长木柱、钢筋混凝土框架或工字石墙等，以保障结构的稳定性和安全性。

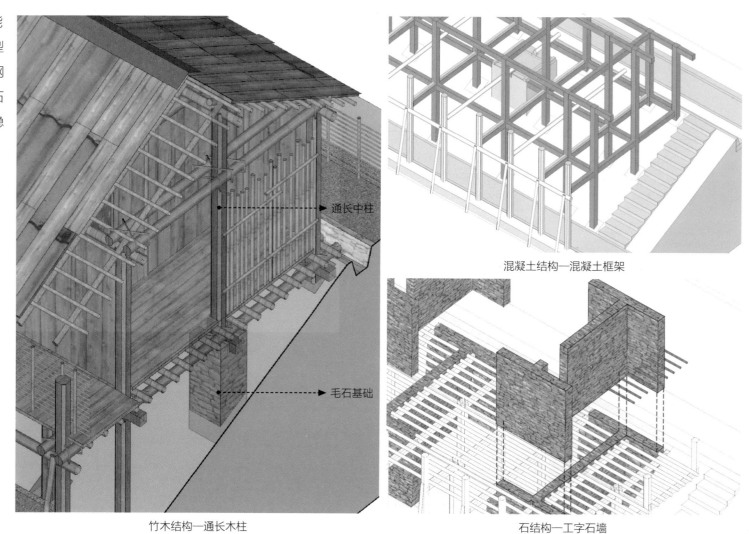

通长中柱

毛石基础

竹木结构—通长木柱

混凝土结构—混凝土框架

石结构—工字石墙

根据不同结构类型选择设置不同的基础类型，以保障结构的稳定性和安全性。

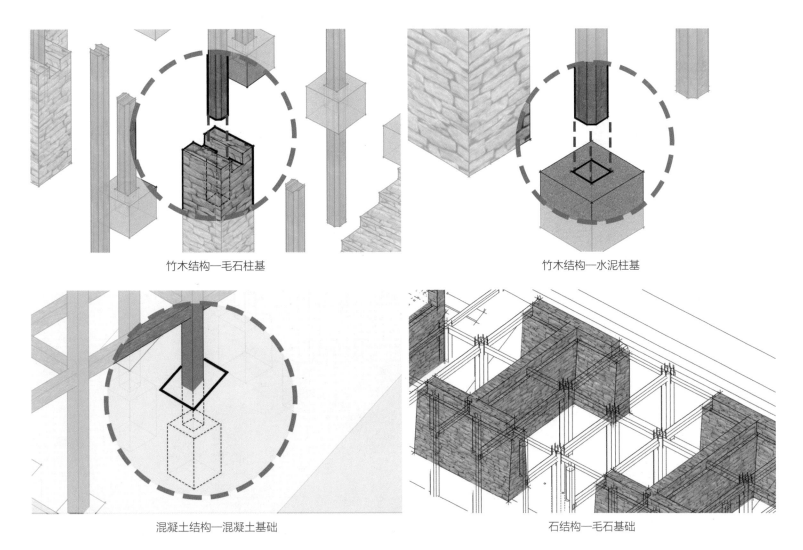

竹木结构—毛石柱基

竹木结构—水泥柱基

混凝土结构—混凝土基础

石结构—毛石基础

竹木结构的节点连接，可选择榫卯构造，结合铁钉固定及铁丝捆扎。

挑台梁柱

屋架梁柱

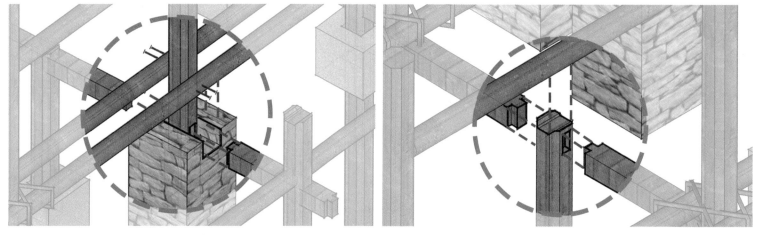

架空层中柱

架空层边柱

混凝土结构的节点连接，可选择卡口搭接，结合铁钉固定及铁丝捆扎。

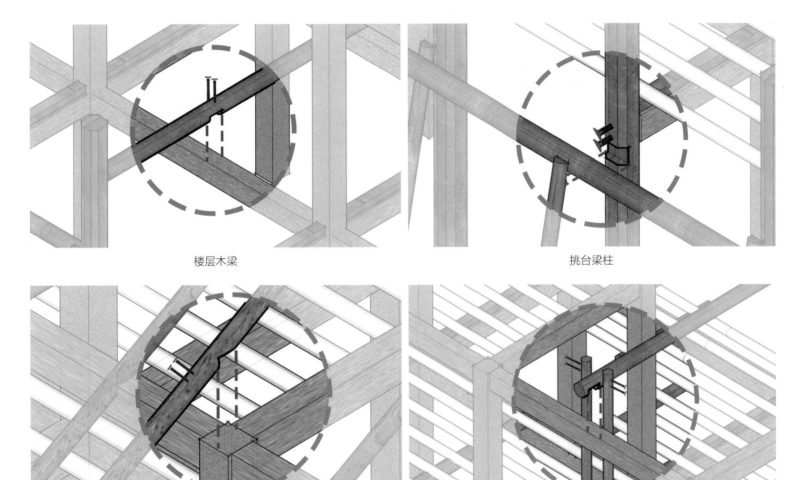

楼层木梁

挑台梁柱

屋架木椽

屋架木梁

石结构的节点连接，可选择搭接或插接，结合榫卯构造（或可用铁钉及铁丝固定）。

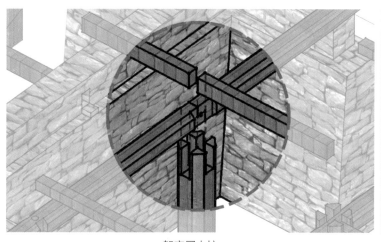

架空层中柱

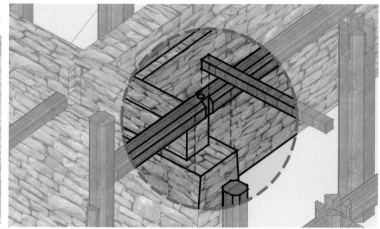

架空层边柱

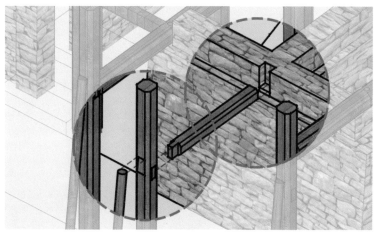

挑台梁柱

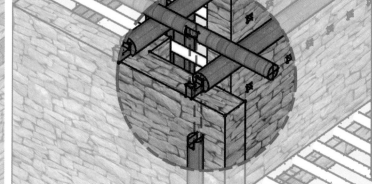

屋架木梁

（2）材料耐久性能

　　在不破坏原有风貌的基础上，选用现代材料，以提高结构的使用耐久性。

毛石砌体

钢筋混凝土

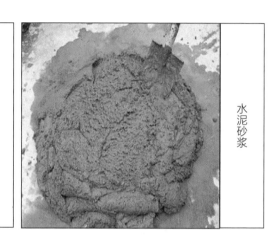

水泥砂浆

成品瓦

金属板

钢钉钢丝

可选用的现代材料

图片金属板来源：https://b2b.hc360.com/viewPics/supplyself_pics/649257944.html

（3）防水防火性能

睡眠区上空增设夹层，形成双层屋面，可有效增加防水性能。

火塘周边以石材收口，并放置水桶，增强防火性能。

屋前砌筑截水沟，防止雨水进入室内。

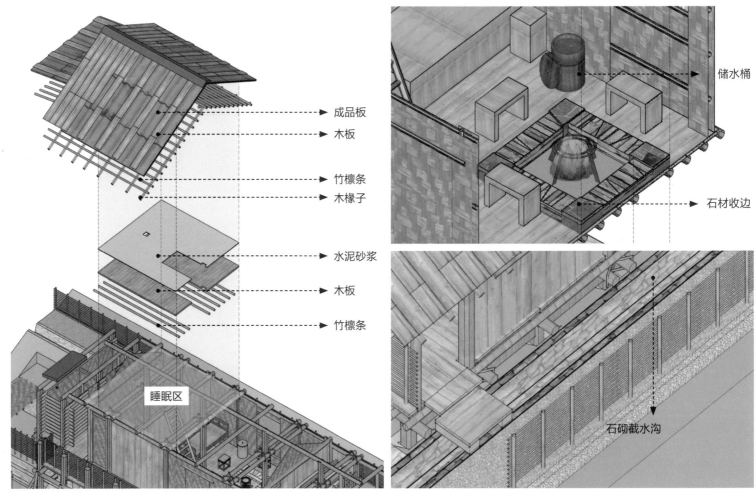

成品板
木板
竹檩条
木椽子
水泥砂浆
木板
竹檩条
睡眠区

储水桶
石材收边
石砌截水沟

防水防火性能提升示意图

以石棉瓦结合回收的旧木板形成组合屋面，兼顾经济性、美观性与防水性。

屋脊和排烟口等交接处敷设牛毛毡提高防水性能。

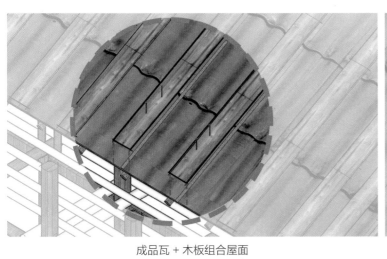

成品瓦 + 木板组合屋面

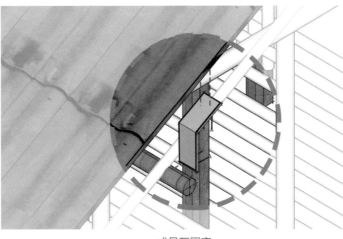

成品瓦固定

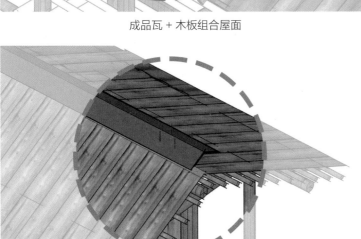

屋脊牛毛毡防水

排烟口牛毛毡防水

（4）卫生防疫性能

在屋舍一侧设置独立家禽家畜饲养区，在便于管理的基础上，有效实现人畜分离，提高卫生防疫性能。

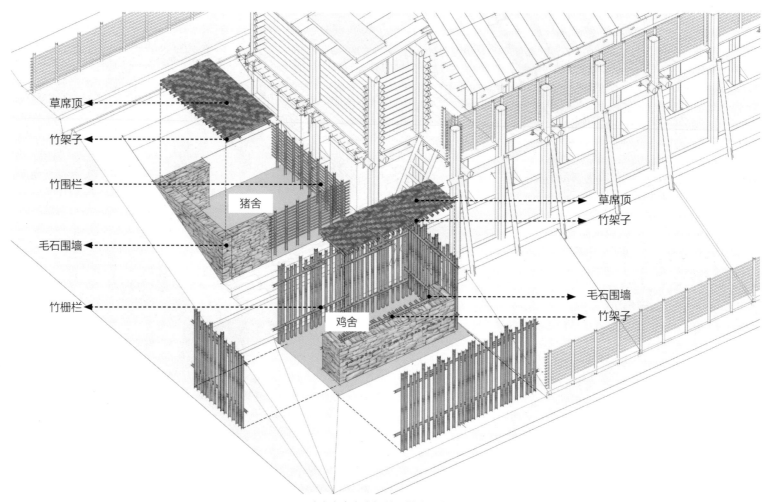

独立家禽家畜饲养区做法示意图

在起居空间一侧
设置干湿分离厕所及
简易太阳能淋浴房，
并配有简单的污物及
废水处理设施。

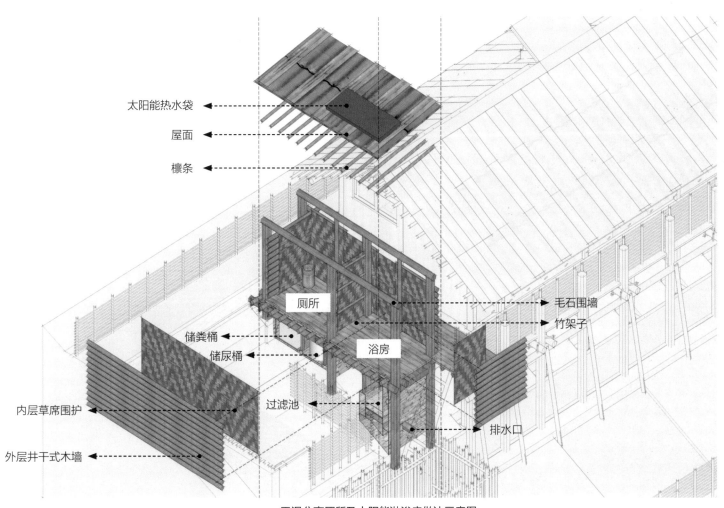

太阳能热水袋

屋面

檩条

厕所

毛石围墙

竹架子

储粪桶

储尿桶

浴房

内层草席围护

过滤池

排水口

外层井干式木墙

干湿分离厕所及太阳能淋浴房做法示意图

火塘下部以毛石砌筑火塘基础，并预留通道，制作简易"土灶"，既可导入空气又能收集草木灰。

收集的草木灰可循环利用于干湿分离厕所。

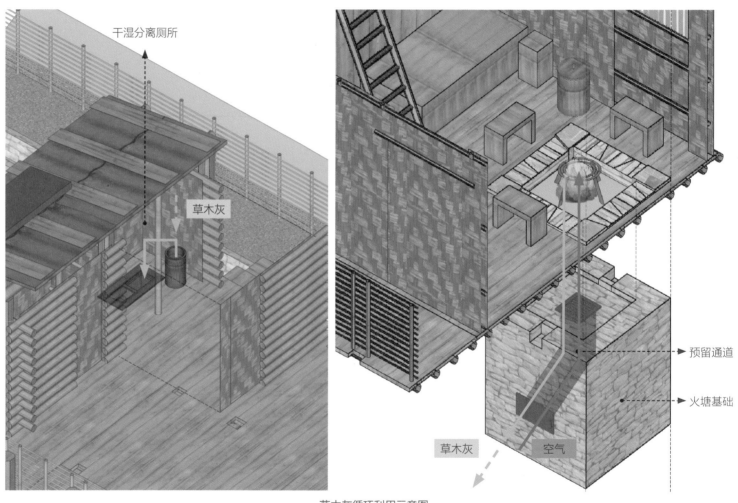

草木灰循环利用示意图

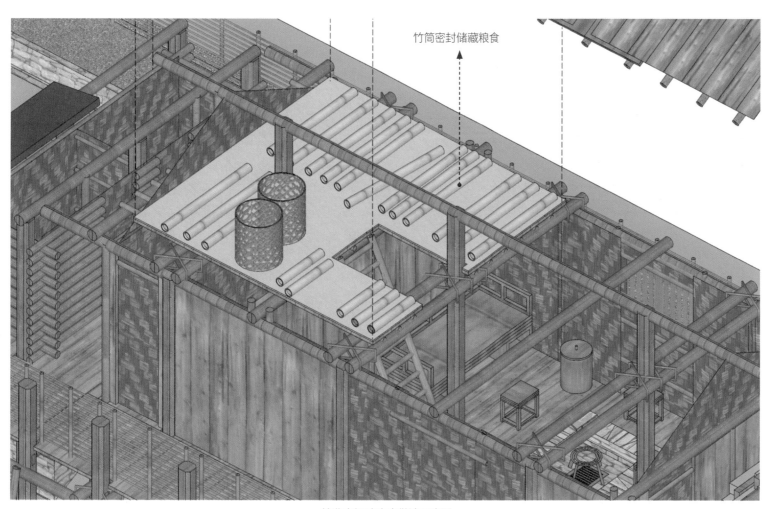

竹筒密封储藏粮食

（5）防虫防
害性能

夹层作为储
藏空间，以竹筒
等贮存食物置于
夹层可有效防止
虫害。

储藏空间防虫害做法示意图

　　睡眠区域设置外层木板、内层草席的双层围护，其他起居区域设置内外草席的双层围护，提高屋舍的封闭性，防止虫蛇等进入。

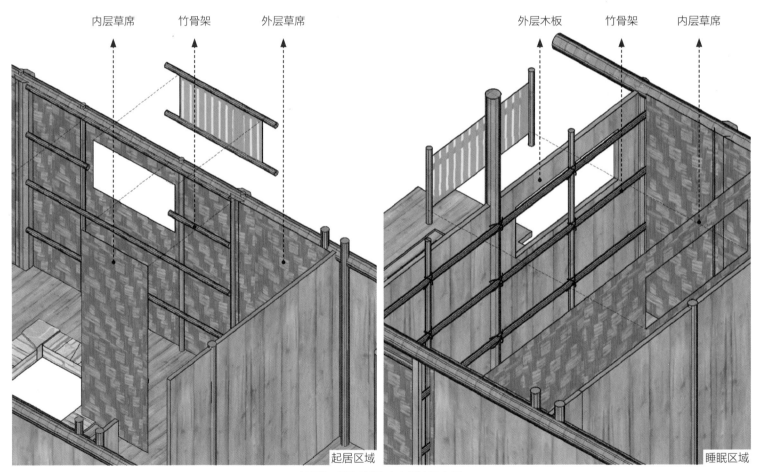

内层草席　　竹骨架　　外层草席

外层木板　　竹骨架　　内层草席

起居区域

睡眠区域

起居与睡眠区域防虫害做法示意图

（6）采光排烟性能

在围护结构上开设洞口，以竹格栅固定形成简易窗户，提高采光性能。

在火塘上空增加竹骨架的排烟井及排烟口，利于烟气疏散和室内通风。

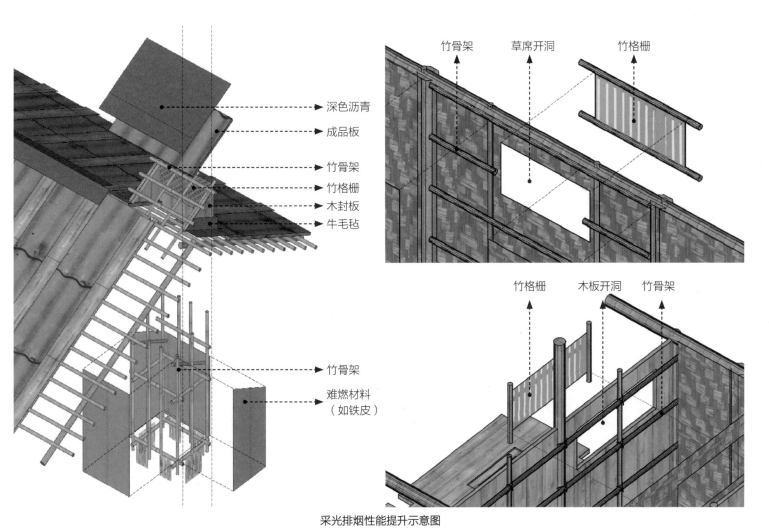

深色沥青
成品板
竹骨架
竹格栅
木封板
牛毛毡
竹骨架
难燃材料（如铁皮）

竹骨架　草席开洞　竹格栅

竹格栅　木板开洞　竹骨架

采光排烟性能提升示意图

（7）家具设施

以当地生长的竹子作为家具的主要材料，通过编、钉、捆扎等方式进行简易加工。

其中，石结构体系可考虑在毛石墙上预留孔洞，插入竹杆作为支架，并在其上敷设木板形成置物架。

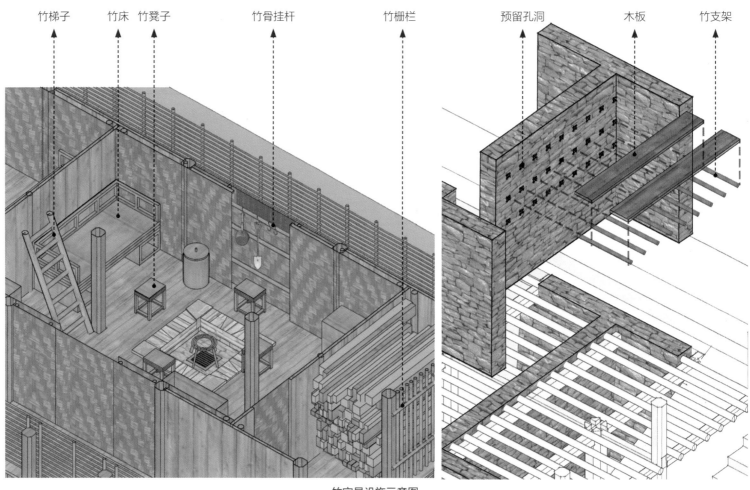

竹梯子　竹床　竹凳子　竹骨挂杆　竹栅栏　预留孔洞　木板　竹支架

竹家具设施示意图

5. **操作手册**

（1）建成效果图

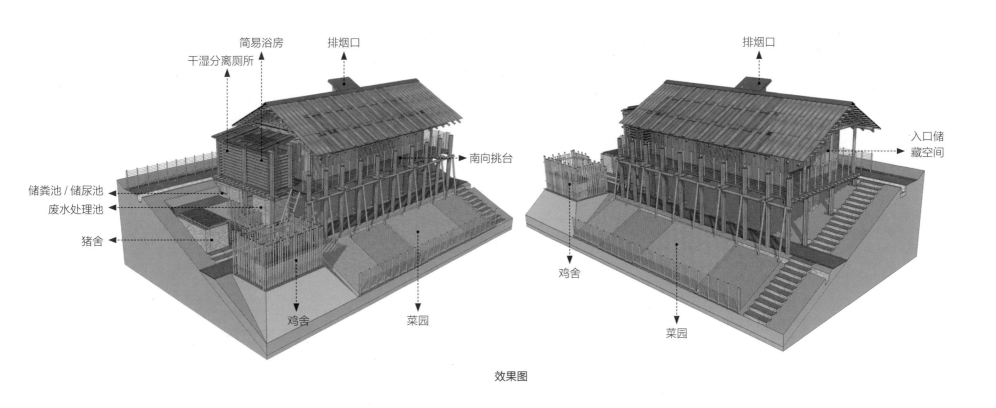

效果图

（2）平面图

生活层平面，包括入口空间、主要起居空间、子女房、干湿分离厕所及简易淋浴房等，各功能空间由连廊串联在一起。

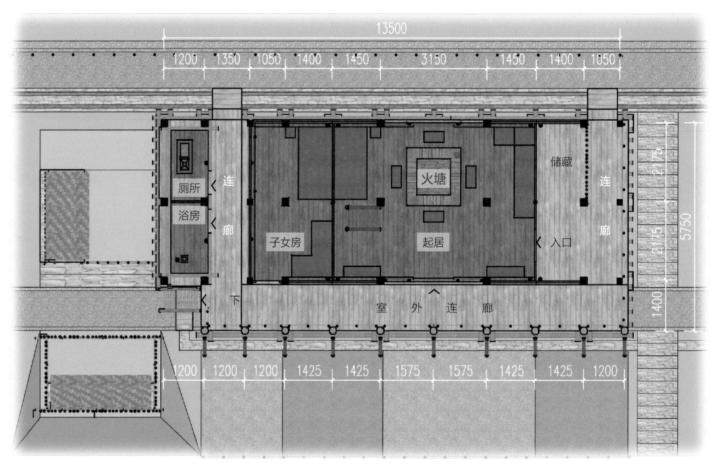

生活层平面图

架空层平面,包括房屋基础,污水废水处理设施、禽畜养殖及菜地等。

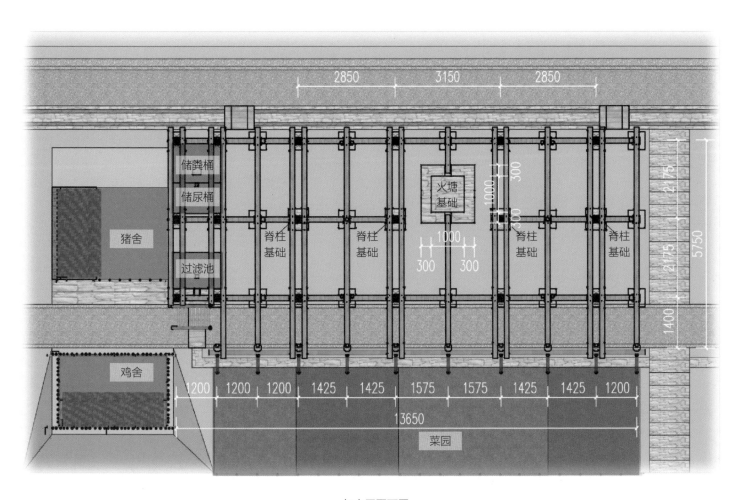

架空层平面图

（3）剖面图

横向剖面关系如本页图所示。

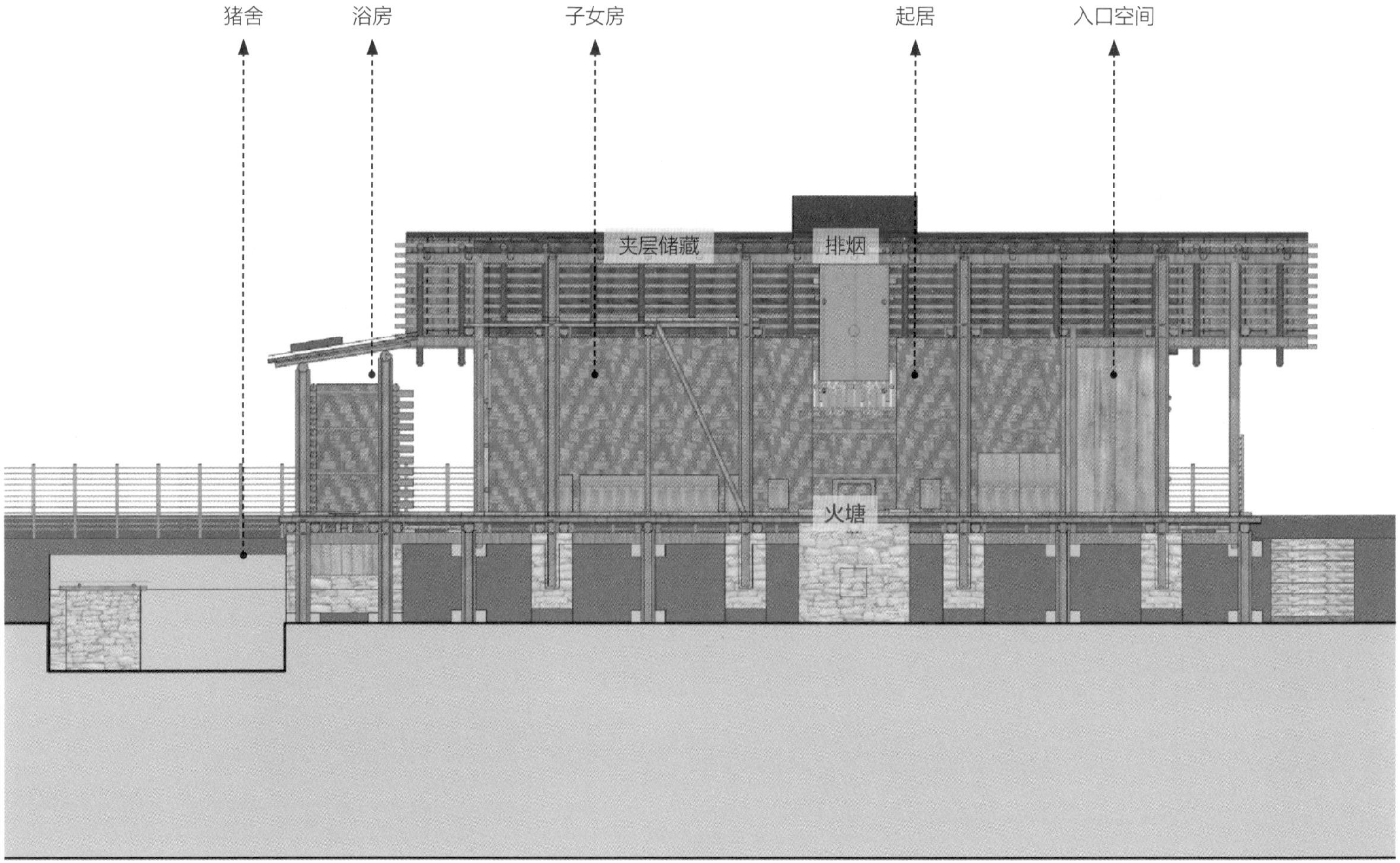

猪舍　　浴房　　子女房　　起居　　入口空间

夹层储藏　排烟

火塘

剖面图

纵向剖面关系如
本页图所示。

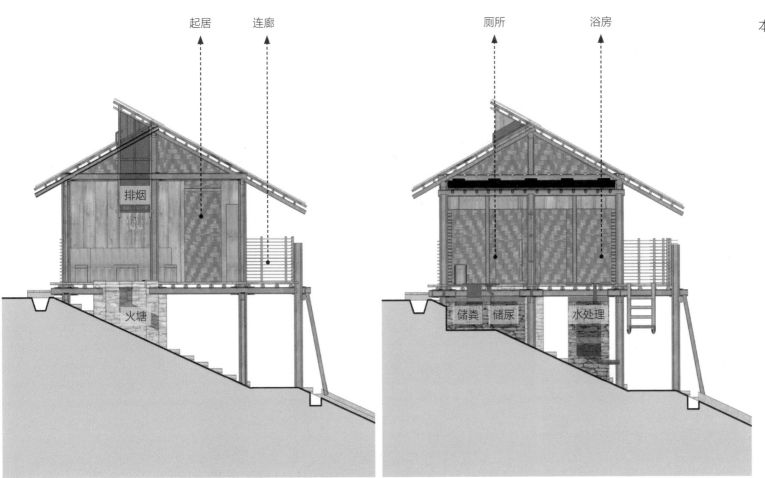

剖面图

（4）准备期

①环境选址

应优先选用向阳坡、通风良好的地段、避开风口和窝风地段。宜相对集中建设，便于管理和配套设施的建设。

②地质选址

一般岩质基础，沙硕石层基础适宜普通民房建设；软土、淤泥基础因承载力很小，不宜用作房屋基础。

选择地下水埋藏较深的地块，有利于房基建设。

环境选址

地质选址

地貌选址

避灾选址

③地貌选址

宜选择开阔平坦、四周为缓坡，并利于排水的地形；土质边坡 10° 以下，岩质边坡 25° 以下，岩质边坡表土层厚度 1.5m 以下。

避开非岩质的陡坡、突出的山嘴、孤立的山包等。

④避灾选址

无崩塌、滑坡、泥石流、地面塌陷等地质灾害现象。避开山区的冲沟底部及冲沟口附近。

远离沟河边和陡崖。不紧挨陡坡坡脚、有危岩的石山坡脚。

⑤五公里建材计划

建材利旧　周边石材　周边竹材　竹篾编织

水泥　铁皮　成品瓦　牛毛毡

周边建材

（5）搭建过程

竹木结构：场地处理、中柱
基础、边柱基础、火塘基础。

混凝土结构: 场地处理、
柱基基坑、火塘基础。

石结构：场地处理、工
字石墙基础、火塘基础。

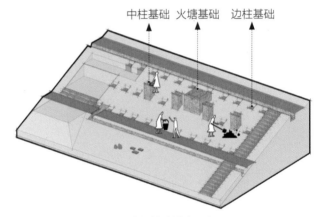

竹木结构基础搭建示意图

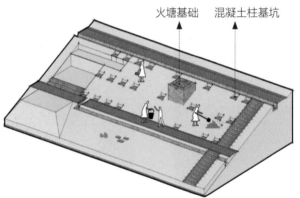

混凝土结构基础搭建示意图

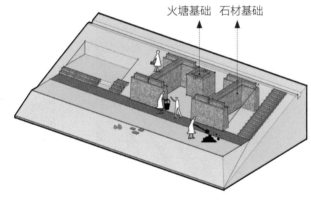

石结构基础搭建示意图

木结构构造如本页图。

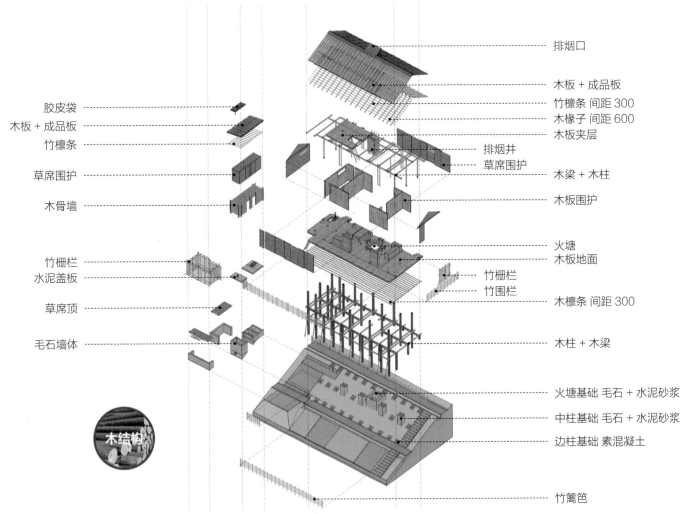

排烟口

木板 + 成品板

竹檩条 间距 300

木椽子 间距 600

木板夹层

排烟井
草席围护

木梁 + 木柱

木板围护

火塘

木板地面

竹栅栏
竹围栏

木檩条 间距 300

木柱 + 木梁

火塘基础 毛石 + 水泥砂浆

中柱基础 毛石 + 水泥砂浆

边柱基础 素混凝土

竹篱笆

胶皮袋

木板 + 成品板

竹檩条

草席围护

木骨墙

竹栅栏

水泥盖板

草席顶

毛石墙体

木结构

木结构构造分解图

木结构搭建过程如本页及下页图示。

①地基及基础　②立柱　③横梁

⑥屋面椽子及檩条　⑤楼板及屋架　④楼面檩条

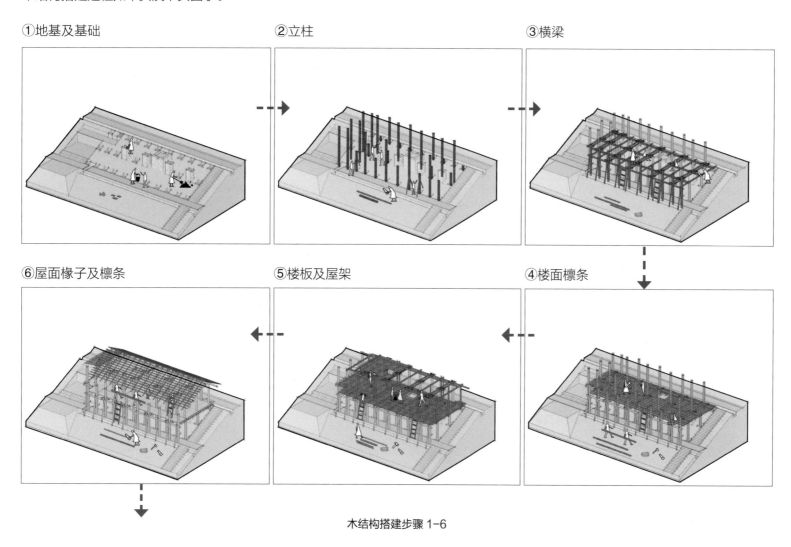

木结构搭建步骤 1-6

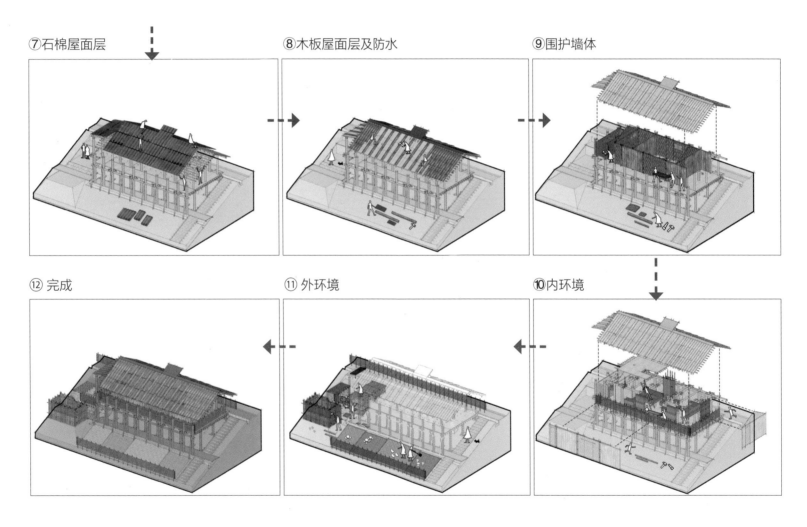

⑦石棉屋面层

⑧木板屋面层及防水

⑨围护墙体

⑫ 完成

⑪ 外环境

⑩内环境

木结构搭建步骤 7-12

混凝土结构构造如本页图。

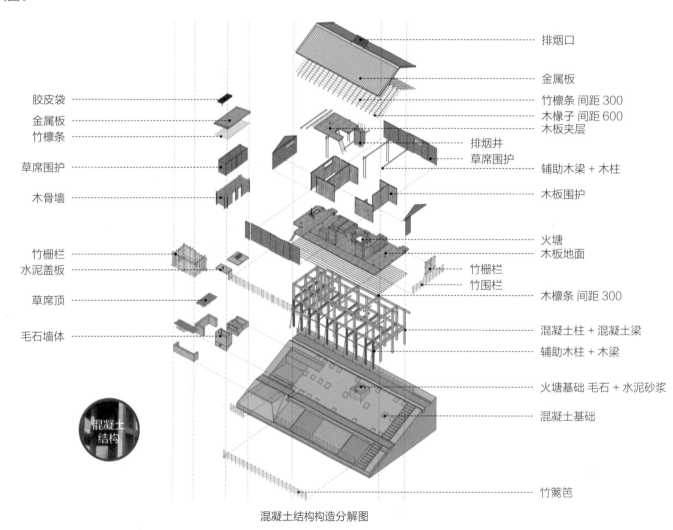

胶皮袋
金属板
竹檩条

草席围护

木骨墙

竹栅栏
水泥盖板

草席顶

毛石墙体

排烟口
金属板
竹檩条 间距 300
木椽子 间距 600
木板夹层

排烟井
草席围护

辅助木梁 + 木柱

木板围护

火塘
木板地面

竹栅栏
竹围栏

木檩条 间距 300

混凝土柱 + 混凝土梁

辅助木柱 + 木梁

火塘基础 毛石 + 水泥砂浆

混凝土基础

竹篱笆

混凝土结构

混凝土结构构造分解图

混凝土结构搭建过程如本页及下页图示。

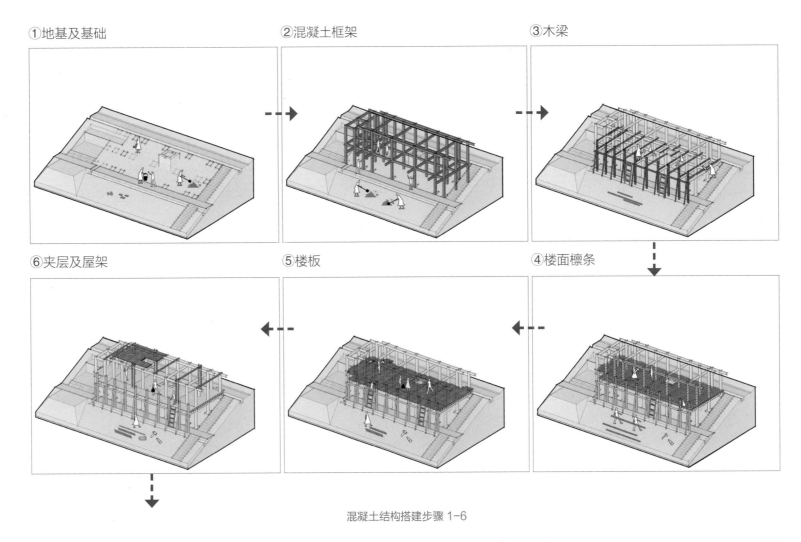

①地基及基础

②混凝土框架

③木梁

⑥夹层及屋架

⑤楼板

④楼面檩条

混凝土结构搭建步骤 1-6

⑦屋面椽子及檩条

⑧金属板屋面

⑨围护墙体

⑫ 完成

⑪ 外环境

⑩内环境

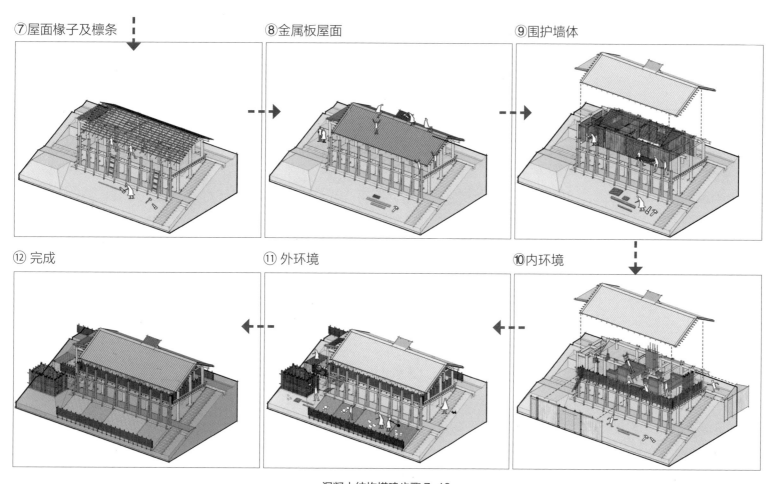

混凝土结构搭建步骤 7-12

石结构构造如本页图。

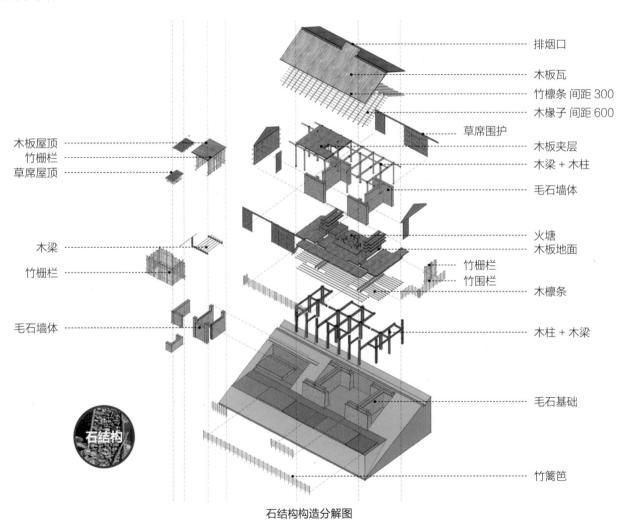

排烟口

木板瓦

竹檩条 间距 300

木椽子 间距 600

草席围护

木板夹层

木梁 + 木柱

毛石墙体

木板屋顶
竹栅栏
草席屋顶

火塘
木板地面

木梁
竹栅栏

竹栅栏
竹围栏

木檩条

毛石墙体

木柱 + 木梁

毛石基础

石结构

竹篱笆

石结构构造分解图

石结构搭建过程如本页及下页图所示。

① 准备期地基及毛石基础　　② 木桩基础　　③ 毛石墙

⑥ 楼面及夹层　　⑤ 楼面檩条　　④ 木柱及木梁

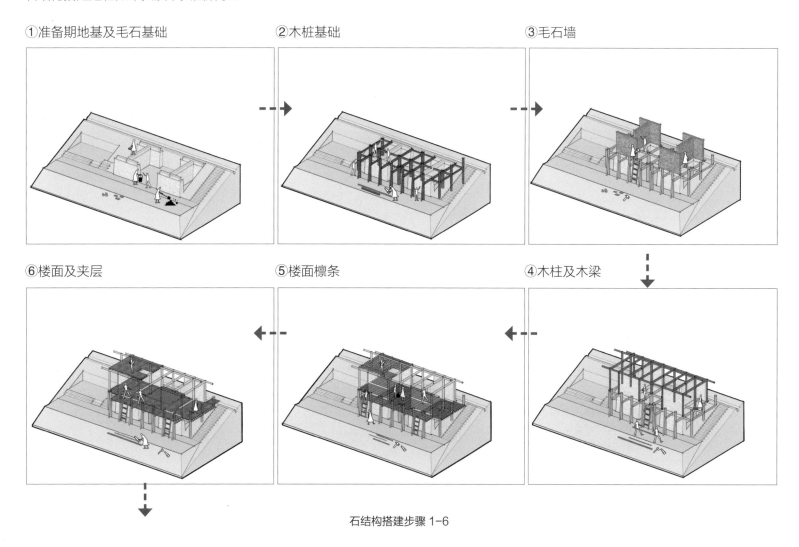

石结构搭建步骤 1-6

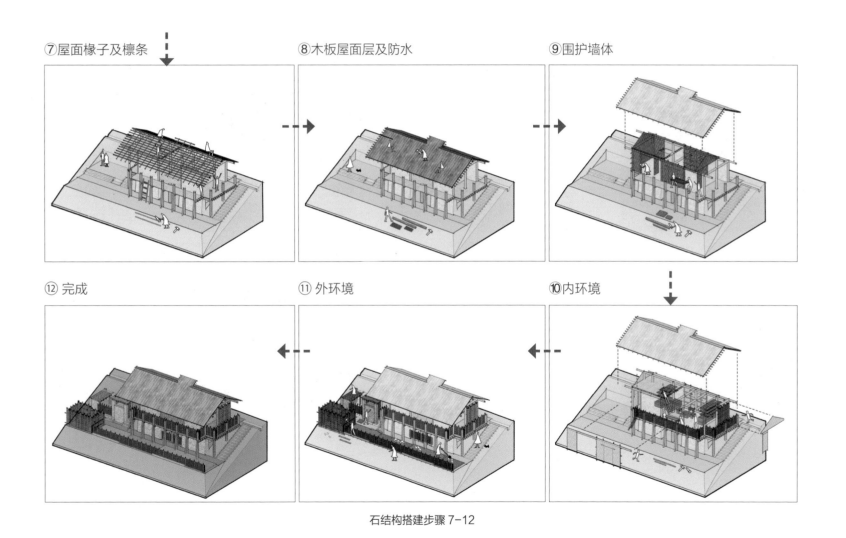

⑦屋面椽子及檩条　　⑧木板屋面层及防水　　⑨围护墙体

⑫完成　　⑪外环境　　⑩内环境

石结构搭建步骤 7-12

3.3.2 古登乡傈僳族民居

1. 原型特征

古登乡傈僳族民居特征照片

2. 细部提取

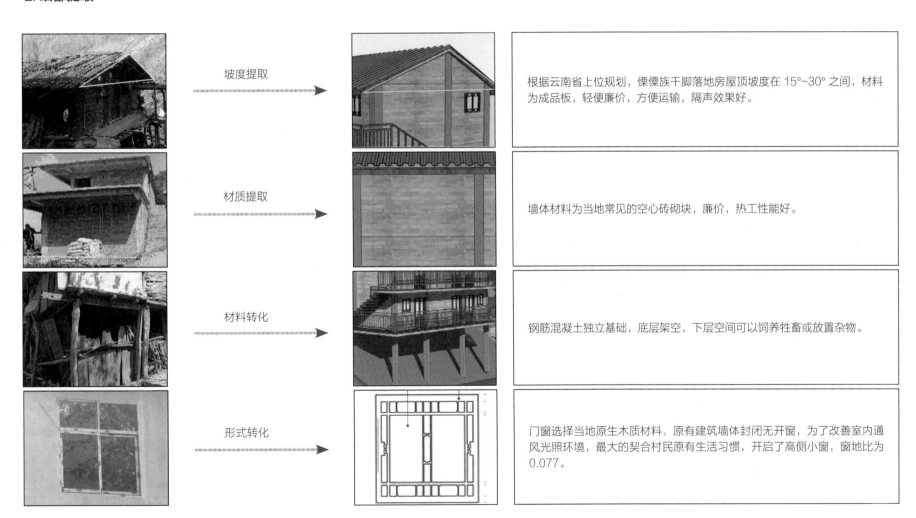

坡度提取　根据云南省上位规划，傈僳族千脚落地房屋顶坡度在 15°~30° 之间，材料为成品板，轻便廉价，方便运输，隔声效果好。

材质提取　墙体材料为当地常见的空心砖砌块，廉价，热工性能好。

材料转化　钢筋混凝土独立基础，底层架空，下层空间可以饲养牲畜或放置杂物。

形式转化　门窗选择当地原生木质材料，原有建筑墙体封闭无开窗，为了改善室内通风光照环境，最大的契合村民原有生活习惯，开启了高侧小窗，窗地比为 0.077。

比例提取 ⟶

根据云南省上位规划，傈僳族千脚落地房屋顶坡度在 15°~30° 之间，材料为成品板，轻便廉价，方便运输，隔声效果好。

材料提取 ⟶

墙体延续现有材料，使用当地的木材，并进行防腐处理。

墙体装饰 ⟶

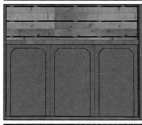

墙体装饰提取自当地现有的样式。

门窗装饰 ⟶

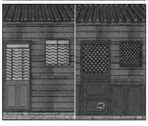

门窗选择当地原生木质材料，并依据当地原型设计窗花门扇装饰。建筑开启高侧小窗，满足通风要求的同时，结合当地气候特点，保证建筑的热工性能。

3. 方案手册

（1）效果展示

效果图（人视图）

效果图（鸟瞰图）

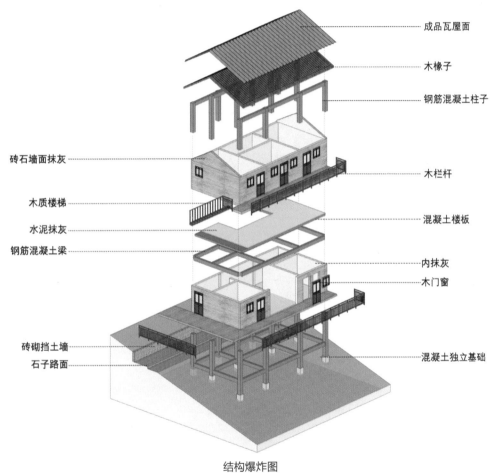

砖石墙面抹灰

木质楼梯

水泥抹灰

钢筋混凝土梁

砖砌挡土墙

石子路面

成品瓦屋面

木椽子

钢筋混凝土柱子

木栏杆

混凝土楼板

内抹灰

木门窗

混凝土独立基础

结构爆炸图

室内效果

（2）平面图

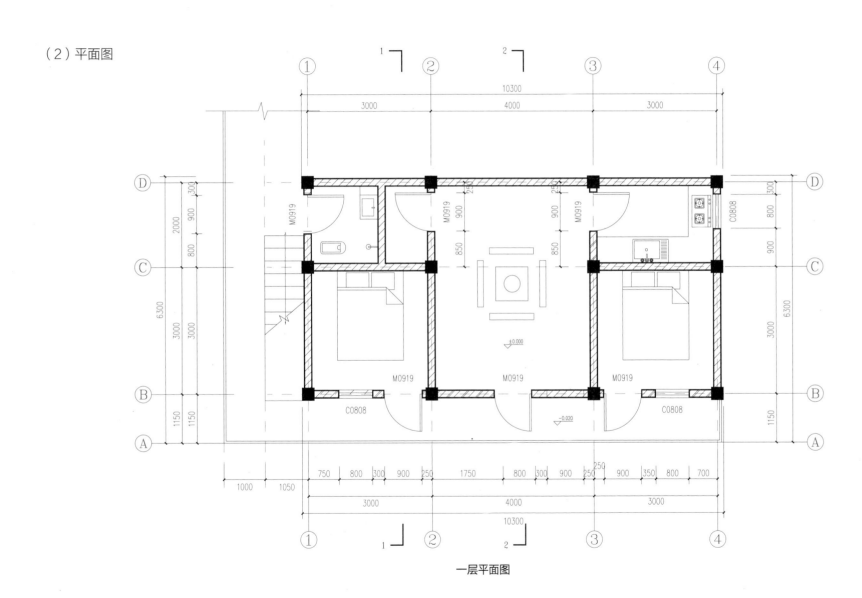

一层平面图

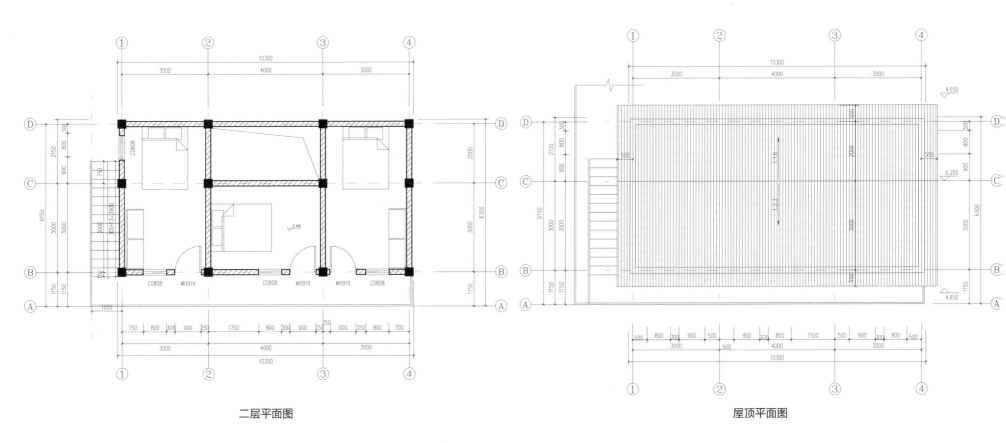

二层平面图

屋顶平面图

（3）立面图

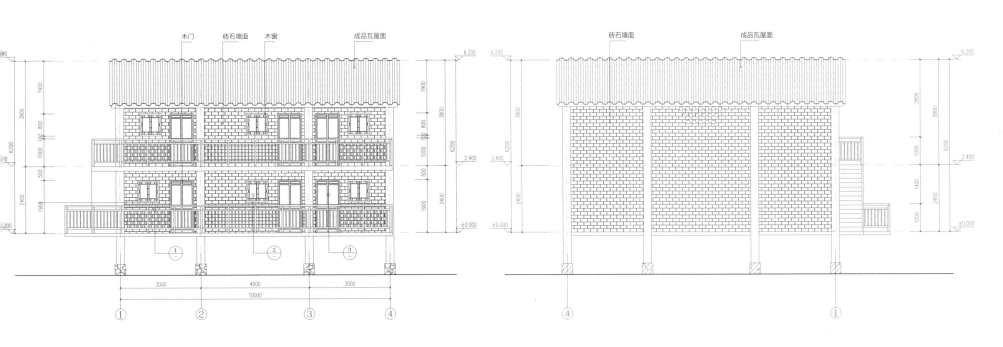

木门　砖石墙面　木窗　　成品瓦屋面

砖石墙面　　　成品瓦屋面

①—④立面图

④—①立面图

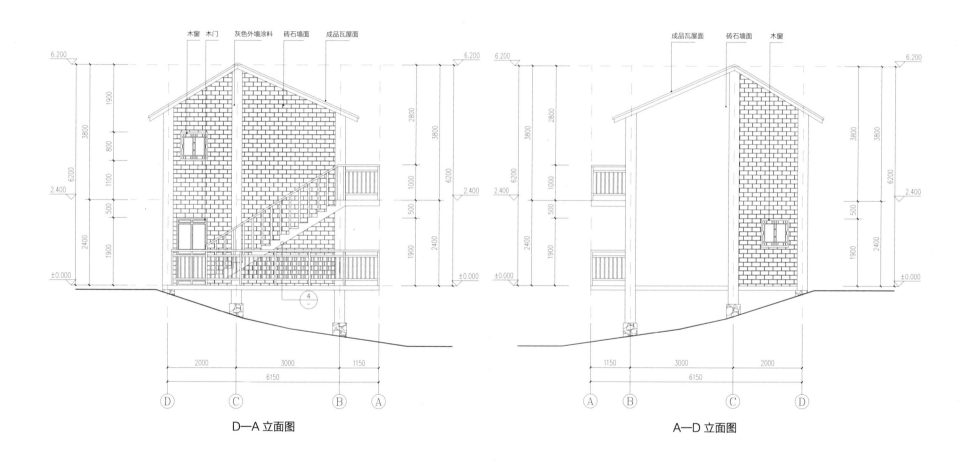

D—A 立面图

A—D 立面图

（4）剖面图

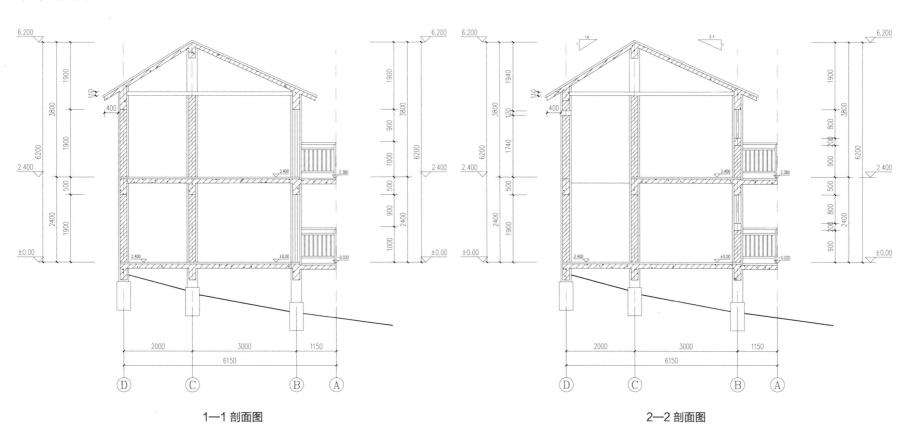

1—1 剖面图　　　　　　　　　　　　　　2—2 剖面图

（5）细部尺寸图

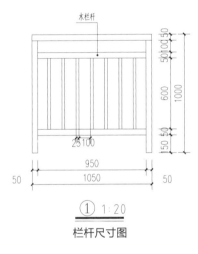

① 1:20
栏杆尺寸图

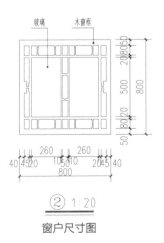

② 1:20
窗户尺寸图

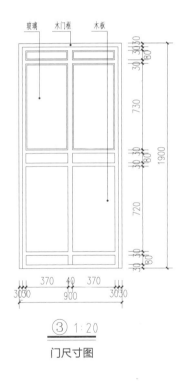

③ 1:20
门尺寸图

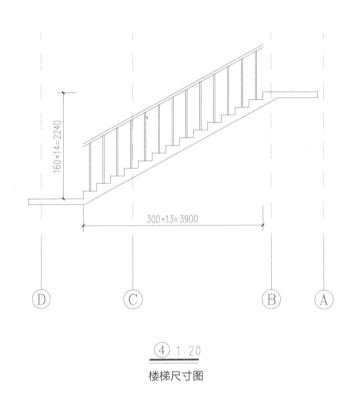

④ 1:20
楼梯尺寸图

（6）选址安全

①环境选址

依山就势，灵活布置，选用相对平缓、通风良好的地段。

②地质选择

选择岩质基础，且地形平坦开阔、基岩地区岩性均一坚硬的地带。

③地貌选择

避开独立的山包等孤立突出的地形位置。

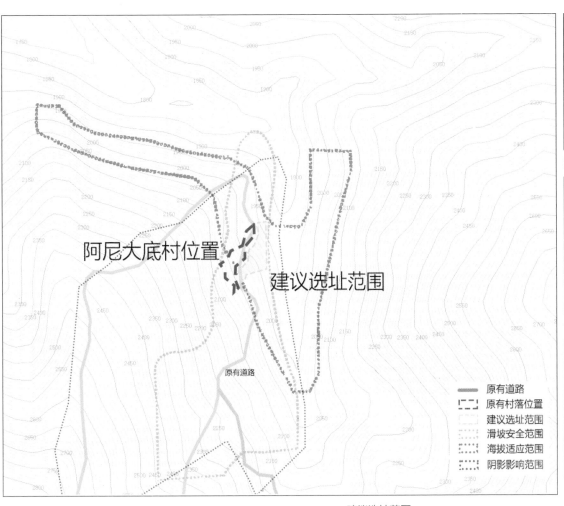

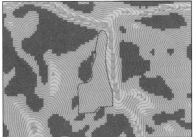

滑坡安全范围

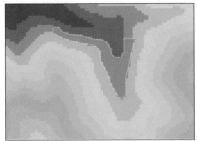

海拔适应范围

山体阴影影响范围

▬▬	原有道路
▢	原有村落位置
▢	建议选址范围
▢	滑坡安全范围
▢	海拔适应范围
▢	阴影影响范围

阿尼大底村位置

建议选址范围

原有道路

建议选址范围

3.3.3 片马镇景颇族民居

1. 原型特征

梯形屋面

一米矮脚竹屋

祖先台

火塘文化

木板顶

竹篾墙

山墙族徽

目瑙示栋

片马镇景颇族民居特征照片

2. 细部提取

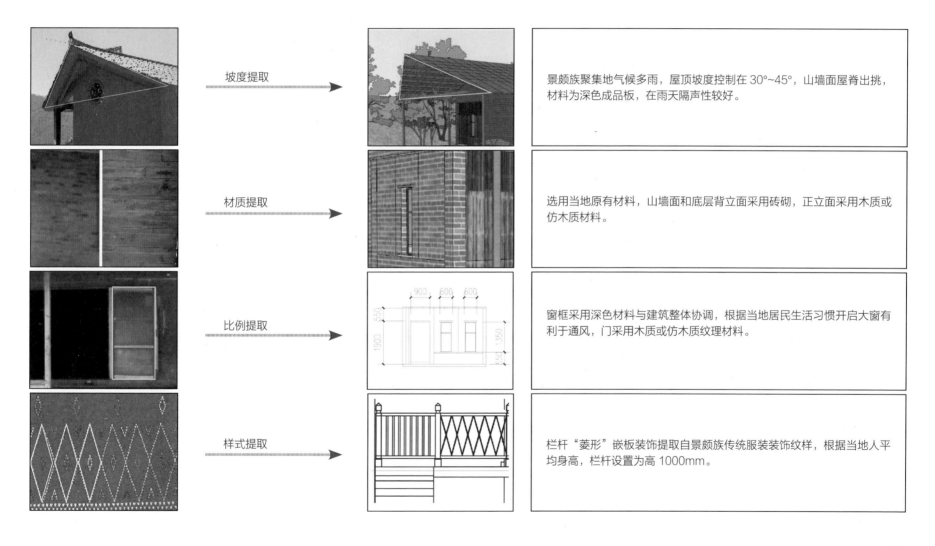

坡度提取 →

景颇族聚集地气候多雨，屋顶坡度控制在 30°~45°，山墙面屋脊出挑，材料为深色成品板，在雨天隔声性较好。

材质提取 →

选用当地原有材料，山墙面和底层背立面采用砖砌，正立面采用木质或仿木质材料。

比例提取 →

窗框采用深色材料与建筑整体协调，根据当地居民生活习惯开启大窗有利于通风，门采用木质或仿木质纹理材料。

样式提取 →

栏杆"菱形"嵌板装饰提取自景颇族传统服装装饰纹样，根据当地人平均身高，栏杆设置为高 1000mm。

尺度优化

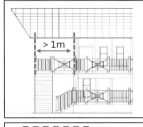

景颇族新建民居一般在山墙面设置垂直交通，考虑空间的宽敞性控制出檐超过 1m。

样式提取

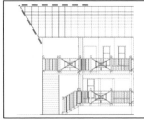

为了在雨量充沛的季节保护建筑山墙，景颇族建筑山面屋脊远出于屋檐，形成了当地特有的风貌，我们希望在新的建筑中延续这一设计。

坡度提取

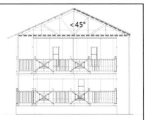

考虑到景颇族聚居区雨量较为充沛，屋顶坡度控制在 30°~45° 范围内，以保证屋顶有效排水。

样式提取

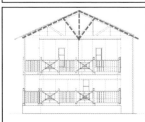

屋顶采用长脊短檐的形式。在山墙处添加独具特色的地域民族元素进行点缀。

3. 方案手册

（1）效果展示

效果图

（2）平面图

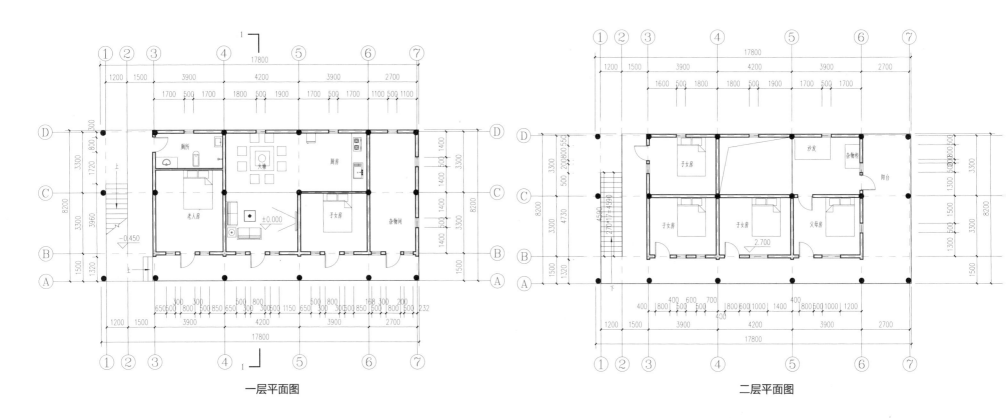

一层平面图　　　　　　　　　　二层平面图

（3）立面图

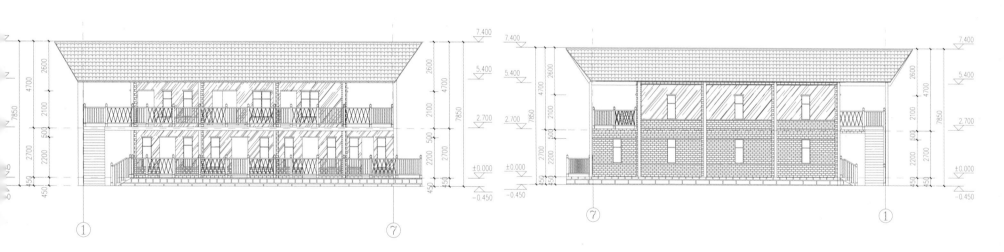

①—⑦立面图　　　　　　　　　　　　　　　　　⑦—①立面图

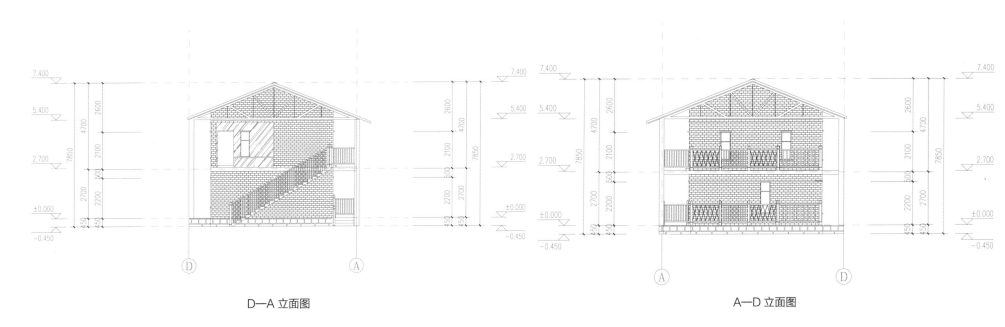

D—A 立面图

A—D 立面图

（4）剖面图

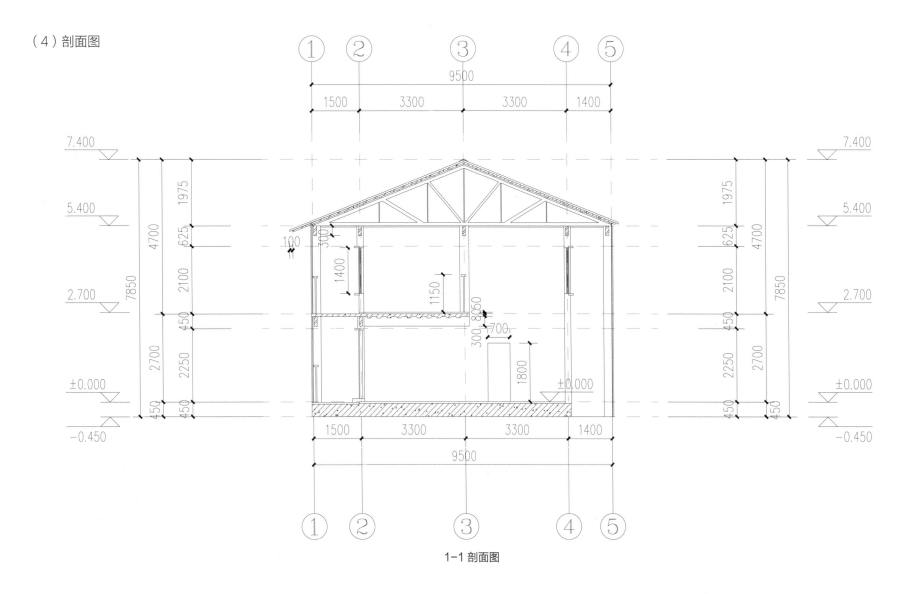

1-1 剖面图

（5）选址安全

①环境选址

相对集中的设置村落，村落内部分散排布。

②地质选择

避开地下水埋深过浅的地段作建筑场地。

③地貌选择

避开活动性断裂带和大断裂破碎带。

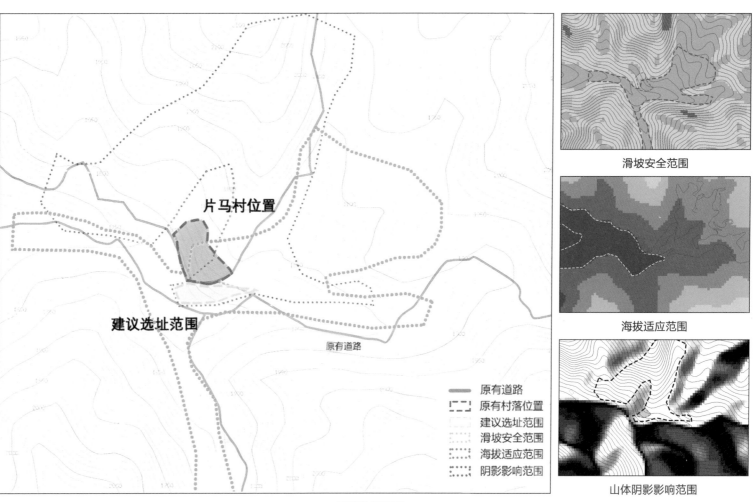

建议选址范围

滑坡安全范围

海拔适应范围

山体阴影影响范围

原有道路
原有村落位置
建议选址范围
滑坡安全范围
海拔适应范围
阴影影响范围

3.3.4 老窝乡白族合院民居

1. 原型特征

老窝乡白族合院民居特征照片

2. 细部提取

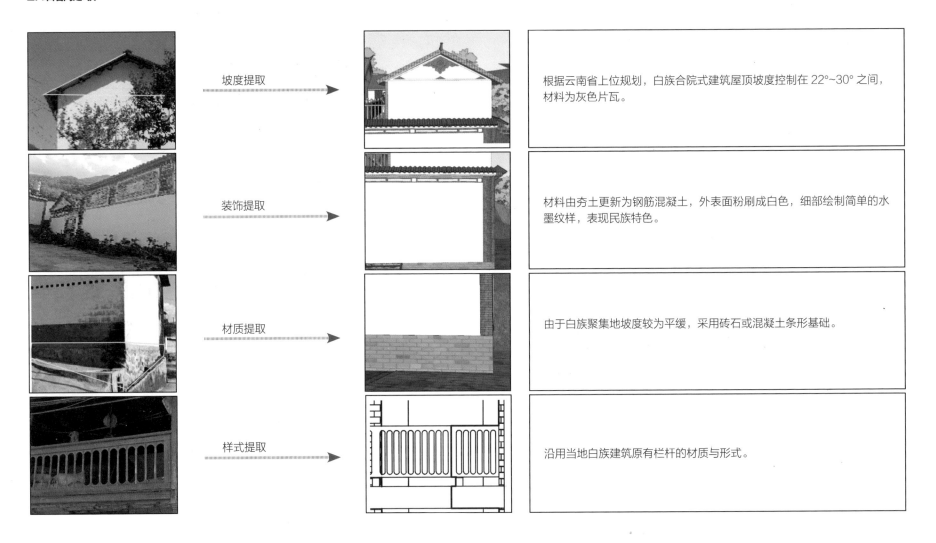

坡度提取 — 根据云南省上位规划，白族合院式建筑屋顶坡度控制在 22°~30° 之间，材料为灰色片瓦。

装饰提取 — 材料由夯土更新为钢筋混凝土，外表面粉刷成白色，细部绘制简单的水墨纹样，表现民族特色。

材质提取 — 由于白族聚集地坡度较为平缓，采用砖石或混凝土条形基础。

样式提取 — 沿用当地白族建筑原有栏杆的材质与形式。

3. 方案手册

（1）效果图

效果图

（2）平面图

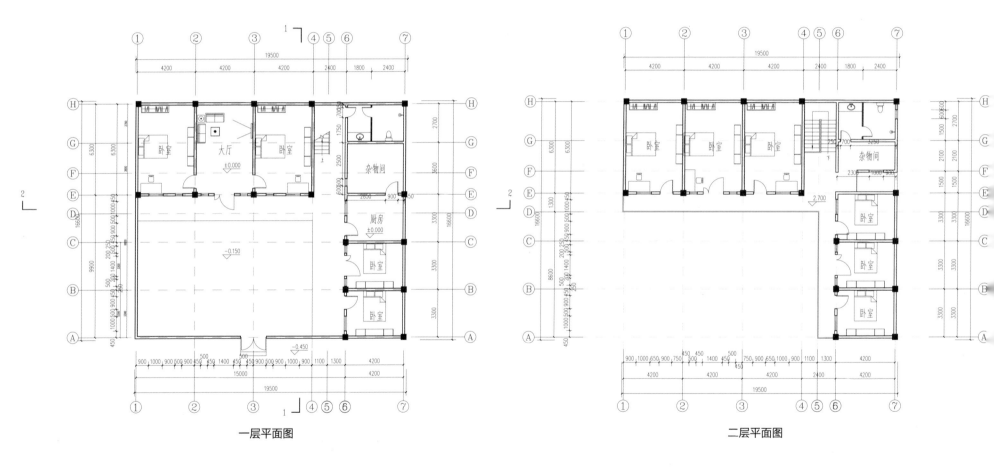

一层平面图　　　　　　　　　　　　二层平面图

（3）立面图

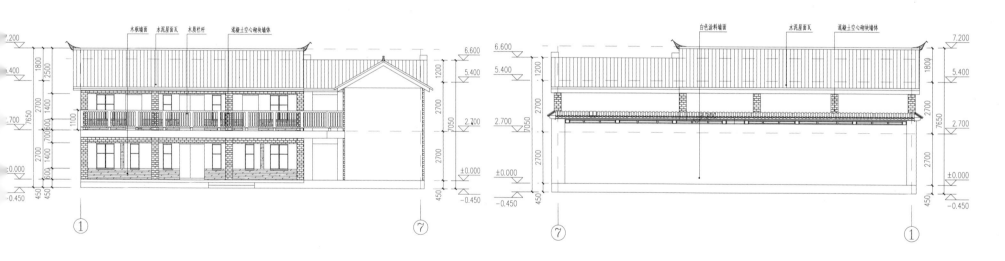

①—⑦立面图

⑦—①立面图

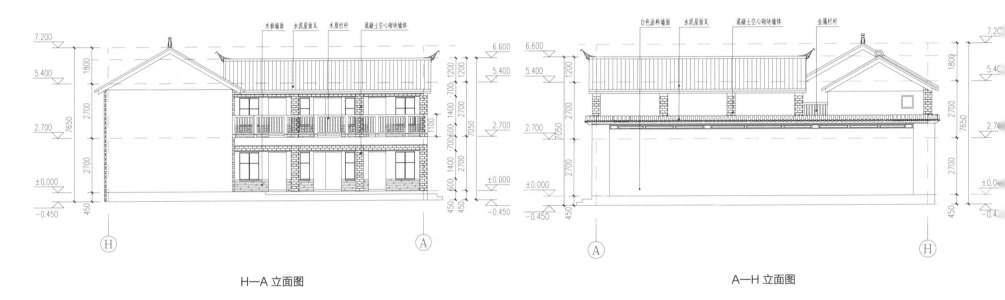

H—A 立面图

A—H 立面图

（4）剖面图

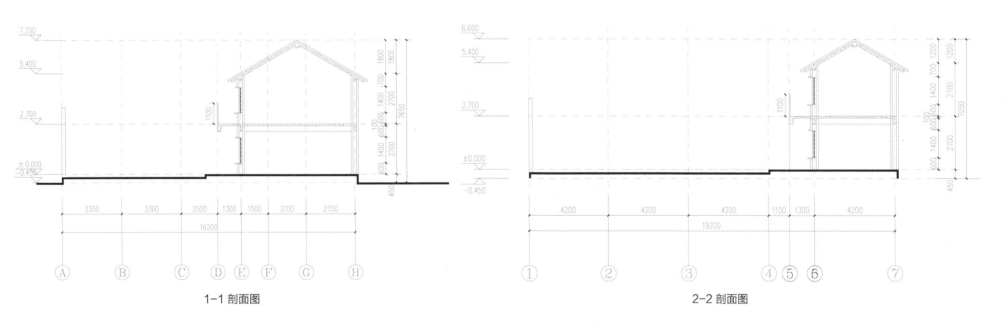

1-1 剖面图

2-2 剖面图

（5）细部尺寸

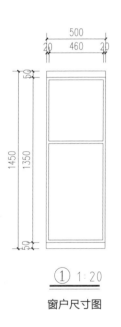

① 1:20

窗户尺寸图

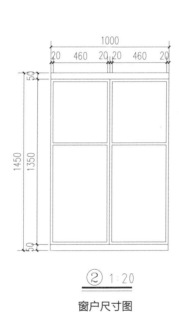

② 1:20

窗户尺寸图

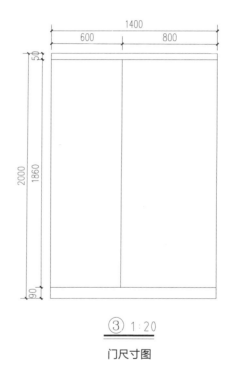

③ 1:20

门尺寸图

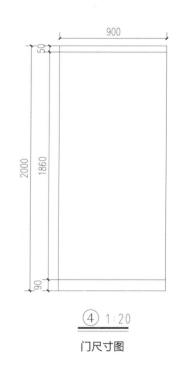

④ 1:20

门尺寸图

（6）选址安全

①环境选址

视野开阔，通风良好。

②地质选择

避开地下水埋深过浅的地段作建筑场地，选择滑坡安全的范围。

③地貌选择

丙贡村所处位置相对平坦，有大量的优质宅基地可供选择。

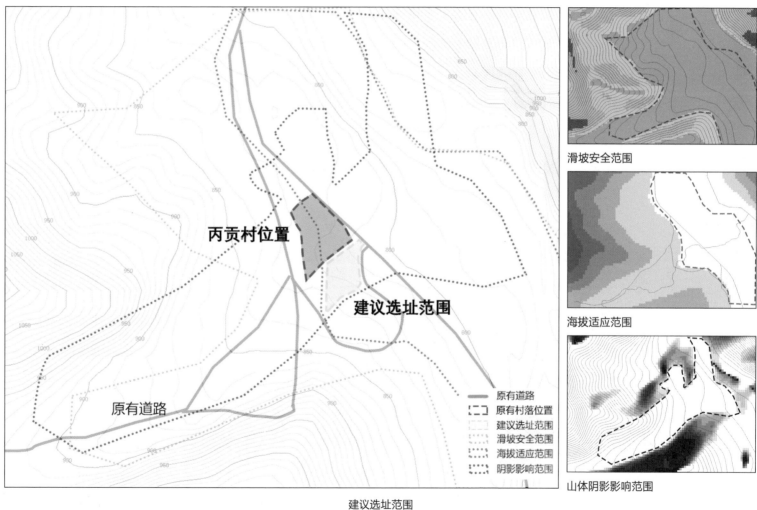

丙贡村位置

建议选址范围

原有道路

▬	原有道路
⊏⊐	原有村落位置
	建议选址范围
	滑坡安全范围
	海拔适应范围
	阴影影响范围

建议选址范围

滑坡安全范围

海拔适应范围

山体阴影影响范围

第 4 章

福贡地区农房建设指引

中国城市规划设计研究院：

孙书同、魏宁、杨婧、张菁、张圣海、周勇、郝天文、吕晓蓓、郝之颖、方向、吴凯、方坚、刘加维

云南省设计院集团有限公司：

陈荔晓、桂镜宇、普柬、李澄、李锦春、乔颖、陈霞、张杰、姚树鸿、何昊航、段建伟、周南、孙奕、史欣然、李天尧、周典俊秀、蒙和彪、和家勋、张锐、姚飞、陈安可、杨春瑞

4.1　乡村聚落布局指引

　　福贡县地处滇西北横断山脉中段碧罗雪山和高黎贡山之间的怒江大峡谷中，聚落为了适应高山峡谷地貌以及垂直显著变化气候，选址特色鲜明，布局灵活多样。由高山到河谷垂直分异形成的差异化人居方式、高山立体气候孕育的立体农业类型与高山峡谷的自然景观融为一体，塑造了特色的山地人居环境。

　　根据聚落选址、布局方式及自然环境特征，福贡全域的村庄聚落可分为五类，分别是河谷滩地聚落、山腰台地聚落、山腰坡地聚落、山腰谷地聚落、山脊坡地聚落。规模不一的聚落在选址、布局和建筑风貌上特色鲜明，但在基础设施建设、居住环境品质等人居环境建设方面有待提升。且聚落在发展建设中，聚落空间扩展突破生态安全空间、新增现代建筑缺乏特色等问题也较为明显。为适应新的居住需求，彰显聚落地域特色，针对各类型聚落提出特色管控要素及布局指引。

山地人居环境

4.1.1　河谷滩地聚落

大山脚下，怒江泥沙淤积形成河谷滩地，地势相对较高的滩地处往往形成聚落。高山及自然林地成为聚落的自然生态背景，山间常有溪水流经村落。滩地地势较为平坦，交通相对便利，聚落规模相对较大，建筑布局方式紧凑灵活，居民傍水而居。聚落以种植业为主，为满足生活、生产需求，滩地中还分布有农田或经济林地，建筑组团与田园斑块相连且边界清晰。

为保留完整的生态景观格局、农业生产格局以及塑造宜人的滨水空间，聚落布局指引要点如下：

①滨江岸线保留自然生态浅滩，随形就势适当植入亲水平台，江岸形成乔灌木混植的多层次的绿化景观。

②保护耕地及农业空间，严禁占用永久基本农田。结合水岸和梯田建设集步行、骑行等多元化滨河慢行空间。

③新建建筑顺应平坝台地地势形成退台式滨河建筑群。

④引入旅游服务业态，增加小广场、微绿地等滨河开敞空间，激发滨河空间人气。

河谷滩地现状聚落

4.1.2 山腰台地聚落

在大山之间，山腰高台之上，地势相对平坦，聚落顺势而建，形成开敞舒适的山腰台地聚落。大山山势整体较为陡峭，但自然林地丰茂，地质灾害较少，山间常有溪谷，成为重要的泄洪通道。聚落选址于山腰高台处，建筑布局紧凑，视野开阔，小环境舒适。民居周围常种植有经济林木，成组成团，郁郁葱葱，田园斑块或梯田散布于山间。

为保障村落安全及塑造舒适宜人的居住环境，聚落布局指引要点如下：

①保护山间溪流等自然空间，保留泄洪通道，保障聚落安全。

②建筑在山腰台地上集约建设，形成低密度、低高度的有机居住建筑组团。

③保护山林植被，以自然林地为生态屏障，建筑群隐于林中。

④防治滑坡和泥石流等自然灾害，陡峭山坡退耕还林或种植经济林木。

山腰台地现状聚落

4.1.3 山腰坡地聚落

在大山山坡上，S 形道路串联梯田与建筑组团，生产空间与生活空间有机交织形成山腰坡地聚落。大山山体地势陡峭，自然林地成为绿色基底，溪流顺应坡谷而流。聚落建于山腰坡地处，建筑顺应等高线横向布局，层次分明。聚落中散布有斑块状经济林地，周边布局斑块状梯田。

为保障聚落安全及改善居住环境，主要引导要点如下：

①沿沟谷汇水线保育自然植被，塑造生态安全的自然景观。

②整修交通道路，改善通村交通条件。

③建筑依山势成台地阶梯式布局，强化高差打造沟谷两侧丰富的建设轮廓线。

④山、水、村呼应，形成前景河流、中景梯田、背景山林的多层次空间形态。

山腰坡地现状聚落

4.1.4　山腰谷地聚落

在山凹谷地之间，顺应溪流，斑块状梯田和建筑组团散布相嵌形成山腰谷地聚落。聚落分布于坡地山谷中，两侧高山陡峭而险峻，山坳坡地较缓或呈台级式。建筑点状或组团式布局，顺应坡谷地散布其中。山谷中梯田、民居建筑、经济林地相间分布。

为塑造谷地特色聚落形态及优化居民居住环境，聚落布局指引要点如下：

（1）坡下沿水系塘田打造自然生态滨水绿地景观，沿沟谷汇水线保育滨水植被，并沿坡下平缓地打造线性贯通的生态绿道。

（2）山、水、村呼应，形成前景水系、中景梯田、背景山林的多层次空间形态。

（3）预留汇水通道，有助于减少集中径流，避免造成冲沟和淤积。

（4）预留视线通廊，打开景观视线，使山谷空间不压抑。

山腰谷地现状聚落

4.1.5 山脊坡地聚落

在大山之间，山脊之上，阳光充足，小气候宜人，视野开阔，建筑常顺应纵向山脊线带状点状或组团式布局形成山脊坡地聚落。山脉结构突出，山顶自然林地繁茂，绿色基底良好。山间经济林地与自然林地相间分布，梯田或斑块田园散布于聚落周边缓坡地或台地中。

为保护山体自然结构、保障居民安全以及改善居民居住条件，聚落布局指引原则如下：

（1）保护完整自然山脊线，严格控制新增建筑建设。

（2）整修通村交通道路，改善交通条件。

（3）保护山地自然植被和两侧山腰梯田，对有泥石流和滑坡隐患的陡坡田地退耕还林或种植经济林木。

山脊坡地现状聚落

河谷滩地聚落	山腰台地聚落	山腰坡地聚落	山腰谷地聚落	山脊坡地聚落
傍水而居，大山脚下的小滩地，滩地中的密聚居	山腰之间，高台之上，开敞舒适的聚落空间	S形道路串联梯田与建筑组团，生产空间与生活空间交织	山凹谷地之间，顺应溪流，斑块状梯田和建筑组团散布相嵌	大山之间，山腰之上，建筑顺应纵向山脊线带状组团式布局

| 河谷滩地聚落格局模式图 | 山腰台地聚落格局模式图 | 山腰坡地聚落格局模式图 | 山腰谷地聚落格局模式图 | 山脊坡地聚落格局模式图 |

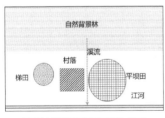 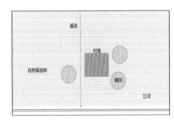 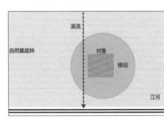 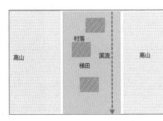 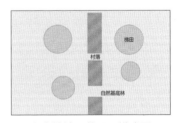

| 河谷滩地聚落平面模式图 | 山腰台地聚落平面模式图 | 山腰坡地聚落平面模式图 | 山腰谷地聚落平面模式图 | 山脊坡地聚落平面模式图 |

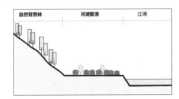 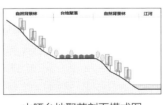 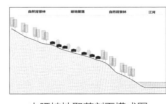 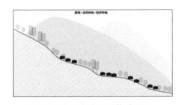 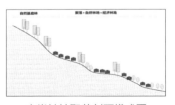

| 河谷滩地聚落剖面模式图 | 山腰台地聚落剖面模式图 | 山腰坡地聚落剖面模式图 | 山腰谷地聚落剖面模式图 | 山脊坡地聚落剖面模式图 |

河谷	山腰	山脊

4.2　改造类农房建设指引

本农房建设指引涉及的集体土地上住房新建、重建、扩建、改建等有关活动（统称农村住房建设）及其监督管理，应当遵守云南省住房和城乡建设厅公告（第 29 号）《云南省农村住房建设管理办法》。

福贡县农房现状

4.2.1　传统民居类型农房改造提升

1. 改造提升指引

1）改造提升目标：改善功能、提升舒适度，建筑风貌保持既有的传统形式。以不同的建筑功能需求分项进行提升改造，各项改造可单项实施或多项实施。改造提升要点：晒台楼梯—防护栏杆；堂屋—通风、采光、排烟；侧屋—通风、采光、保温、隔热；屋面—防水。

2）改造提升结构指引：宜采用与传统民居类型农房相同或相似的结构形式，改造提升之前应确保农房具有支持改造提升的条件，包括既有结构安全、改造扩建可能性等，应保证改造提升后建筑结构牢固。

3）改造提升实施指引：应保证整体结构安全稳固，建筑材料普遍易得，施工技术成熟普及，建造成本经济合理。建筑材料原则上尽可能选用传统民居通用建筑材料，局部采用现代建筑材料。

4）建筑材料选择指引：

①防护栏杆：木材、竹材；

②通风、采光窗：成品百叶窗、玻璃窗；

③保温隔热构造：木材、竹材、保温板；

④排烟天窗、屋面：木材、竹材、防水油毡、仿真茅草、镀锌铁丝网。

2. 农房现状分析

传统民居类型农房现状分析：

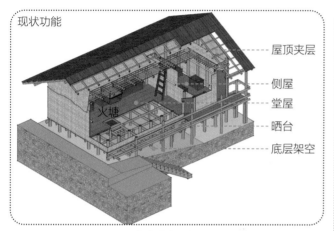

现状功能

屋顶夹层
侧屋
堂屋
晒台
底层架空

火塘

既有农房剖透视图

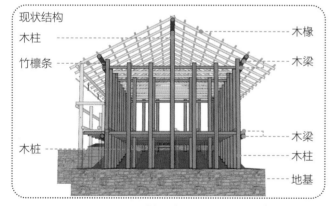

现状结构

木柱
竹檩条
木桩

木椽
木梁
木梁
木柱
地基

结构分析图

构造示意

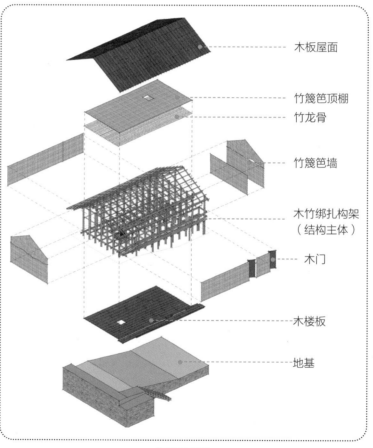

木板屋面
竹篾笆顶棚
竹龙骨
竹篾笆墙
木竹绑扎构架
（结构主体）
木门
木楼板
地基

构造示意图

现状问题：

①晒台、楼梯存在安全隐患
②堂屋通风、采光、排烟性能差
③侧屋通风采光、保温隔热性能差
④屋面防水性能差

提升方式：

①晒台、楼梯设置防护栏杆
②堂屋设置可开启百叶窗、排烟天窗
③侧屋设置可开启窗，楼面、墙面、顶棚设置保温隔热层
④增加屋面防水构造层次

3. 改造提升设计

改造提升效果图

改造提升效果图

改造提升前后对比

改造提升前

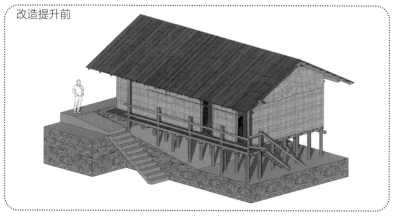

改造提升前效果图

改造提升后

屋面增加防水
构造层次

堂屋屋顶设置排烟天窗

侧屋楼面、墙面、顶棚设置保温隔热层

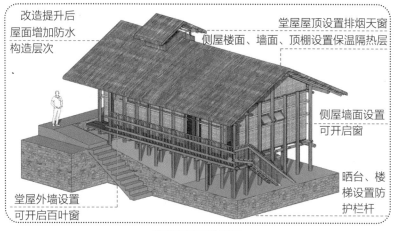

侧屋墙面设置
可开启窗

晒台、楼
梯设置防
护栏杆

堂屋外墙设置
可开启百叶窗

改造提升后效果图

改造提升前后平面

改造提升前

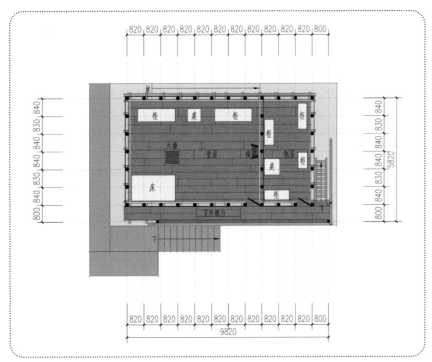

改造提升前平面图

改造提升后

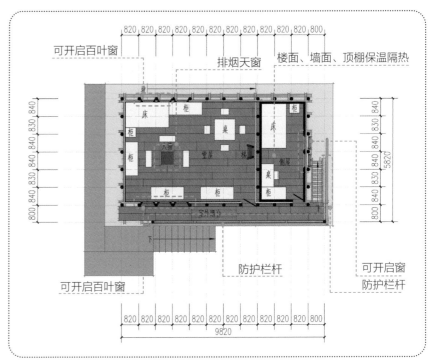

改造提升后平面图

改造提升剖面

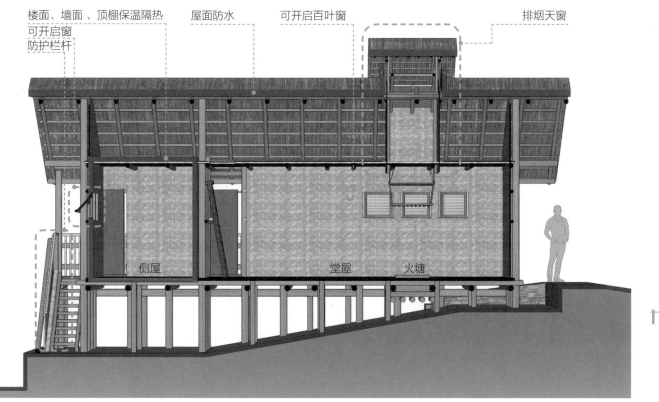

楼面、墙面、顶棚保温隔热　　屋面防水　　可开启百叶窗　　　　　　排烟天窗

可开启窗
防护栏杆

侧屋　　　　堂屋　　火塘

改造提升剖面图

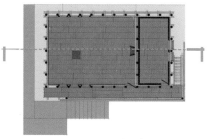

剖面位置示意图

改造提升——防护栏杆

改造提升——房间开窗

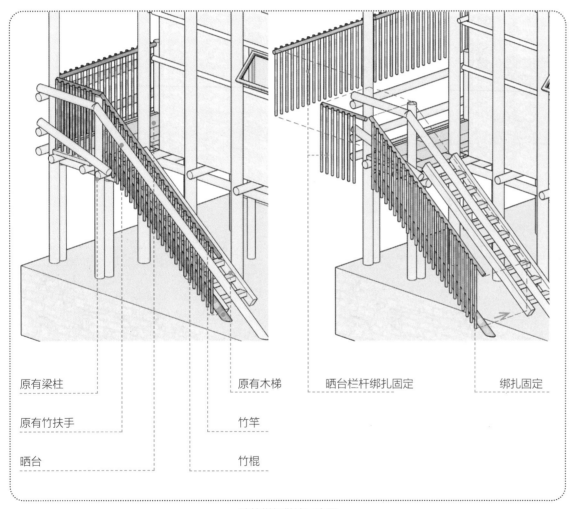

原有梁柱

原有竹扶手

晒台

原有木梯

竹竿

竹棍

晒台栏杆绑扎固定

绑扎固定

防护栏杆做法示意图

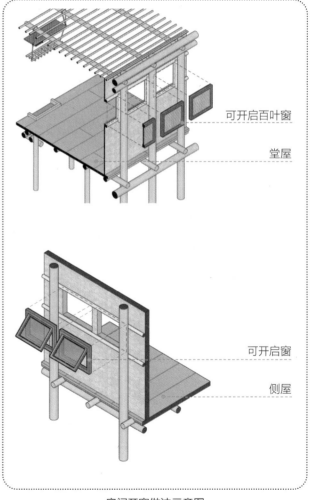

可开启百叶窗

堂屋

可开启窗

侧屋

房间开窗做法示意图

改造提升——堂屋屋顶排烟天窗

剖面　　　　　　　　　　　　　　与屋顶夹层关系　　　　　　　　　结构　　　　　　　　　　　　　构造

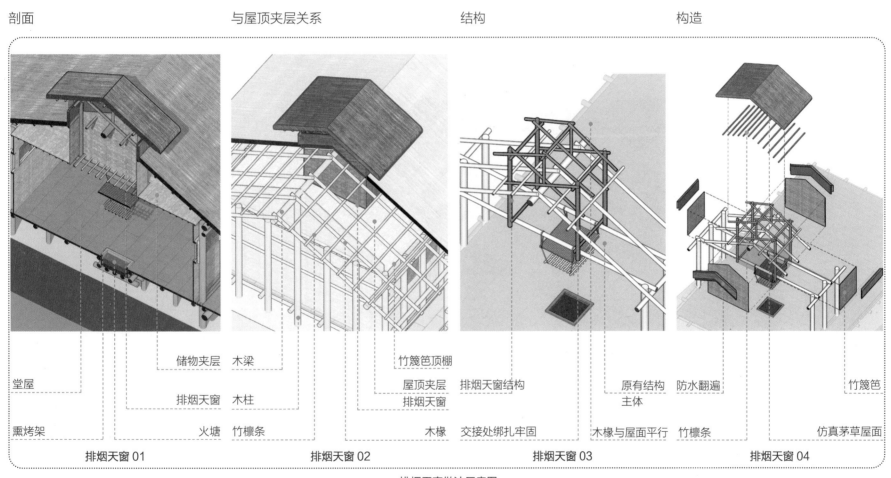

	储物夹层　木梁	竹篾笆顶棚		竹篾笆
堂屋		屋顶夹层　排烟天窗结构	原有结构　防水翻遍	
	排烟天窗　木柱	排烟天窗	主体	
熏烤架	火塘　　　竹檩条	木椽　交接处绑扎牢固	木椽与屋面平行　竹檩条	仿真茅草屋面
排烟天窗 01	**排烟天窗 02**	**排烟天窗 03**		**排烟天窗 04**

排烟天窗做法示意图

改造提升——侧屋保温隔热

改造提升——屋面构造

楼面墙面顶棚构造

构造

实例

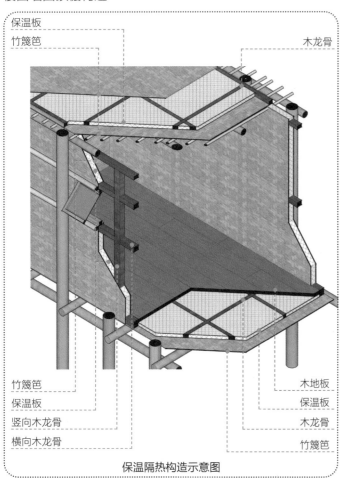

保温板
竹篾笆
木龙骨

竹篾笆
保温板
竖向木龙骨
横向木龙骨

木地板
保温板
木龙骨
竹篾笆

保温隔热构造示意图

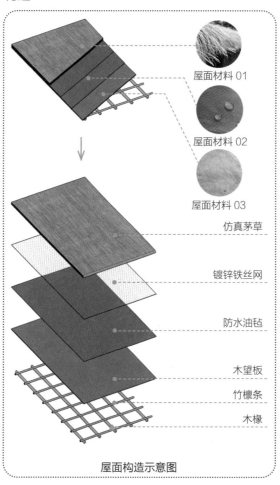

屋面材料 01
屋面材料 02
屋面材料 03

仿真茅草
镀锌铁丝网
防水油毡
木望板
竹檩条
木椽

屋面构造示意图

屋面实例 01

屋面实例 02

屋面实例 03

4.2.2 钢筋混凝土框架结构类型农房

1. 改造提升指引

1）建筑风貌提升目标：平屋面改造为平坡结合屋面，外装修风格、材料、色彩传承传统民居建筑风貌。

2）局部扩建结构指引： 既有钢筋混凝土框架结构农房局部扩建必须在既有建筑已预留扩建可能性，并确定扩建后整体建筑满足现行国家结构安全标准的前提下进行。整体结构安全牢固，建筑材料普遍易得，建造技术成熟普及，建造成本经济合理。扩建部分建议采用钢筋混凝土结构、木结构或钢结构。

3）局部扩建功能指引： 结合建筑风貌提升，确保整体建筑结构安全牢固的前提下，增加设置火塘的堂屋功能用房，在三层形成晒台＋堂屋的原型建筑空间格局及传统生活方式延续。

4）材料选择指引：

①屋面：瓦材、仿真茅草；

②墙面：混凝土空心砖、传统竹篾笆。

2. 改造提升类型一

类型一：三层局部扩建钢筋混凝土框架结构堂屋（设置火塘）

改造提升效果图

改造提升效果图

改造提升前后对比

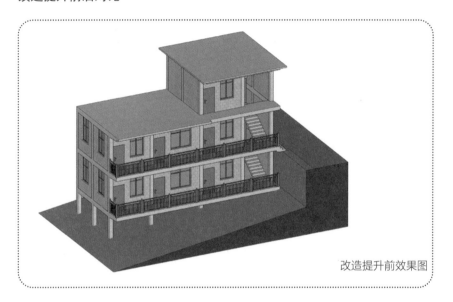

改造提升前效果图

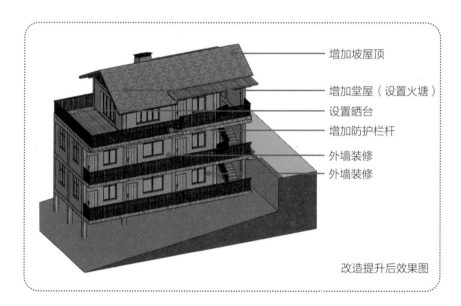

增加坡屋顶

增加堂屋（设置火塘）

设置晒台

增加防护栏杆

外墙装修

外墙装修

改造提升后效果图

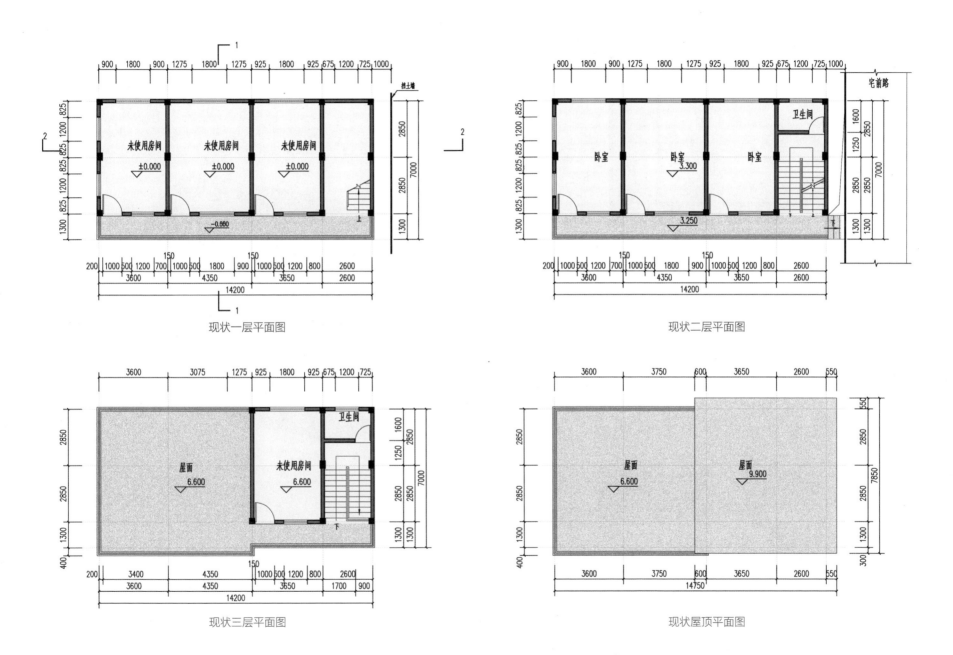

现状一层平面图

现状二层平面图

现状三层平面图

现状屋顶平面图

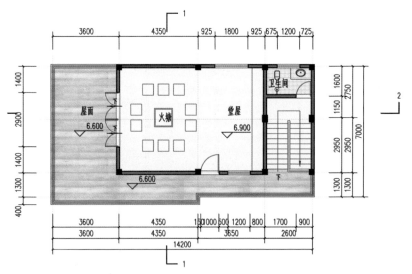

改造提升后三层平面图

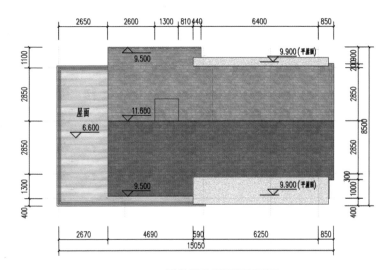

改造提升后屋顶平面图

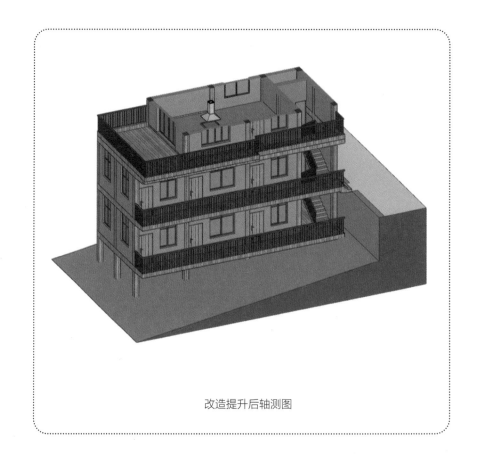

改造提升后轴测图

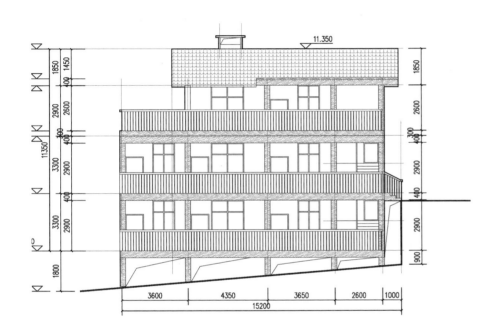

改造提升后正立面图

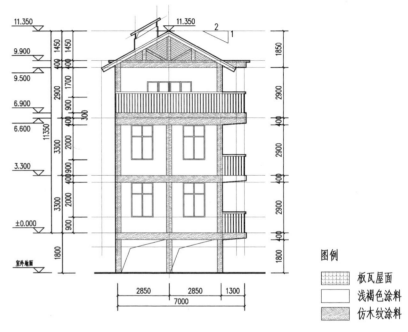

改造提升后左侧立面图

图例

板瓦屋面

浅褐色涂料

仿木纹涂料

注：考虑到建筑布局与方位需根据具体建设用地情况确定，故农房改造及新建指引中，对建筑立面图中采用"正立面图、背立面图、左侧立面图、右侧立面图"进行描述。

155

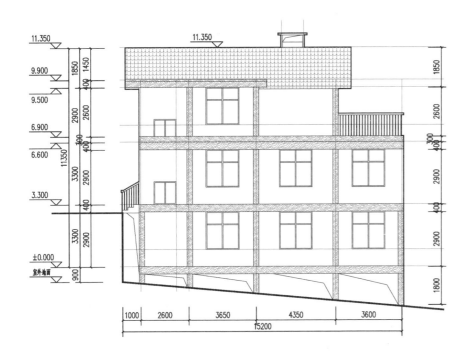

改造提升后背立面图

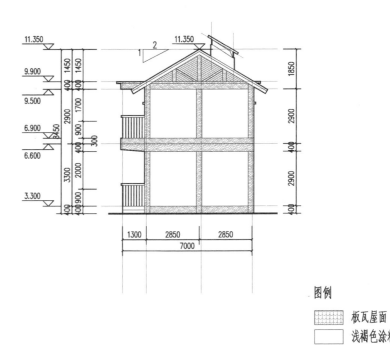

改造提升后右侧立面图

图例

板瓦屋面

浅褐色涂料

仿木纹涂料

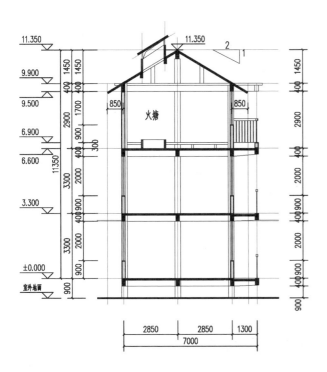

改造提升后 1-1 剖面图

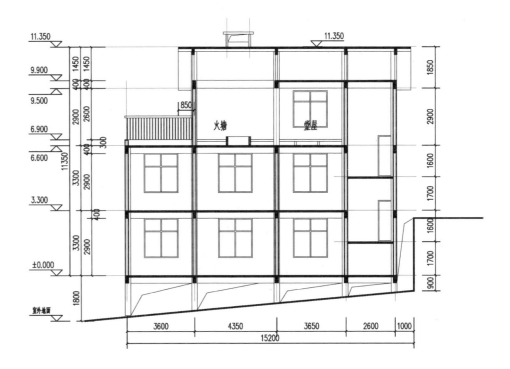

改造提升后 2-2 剖面图

3. 改造提升类型二

类型二：三层局部扩建木结构堂屋（设置火塘）。

改造提升前后对比

改造提升效果图

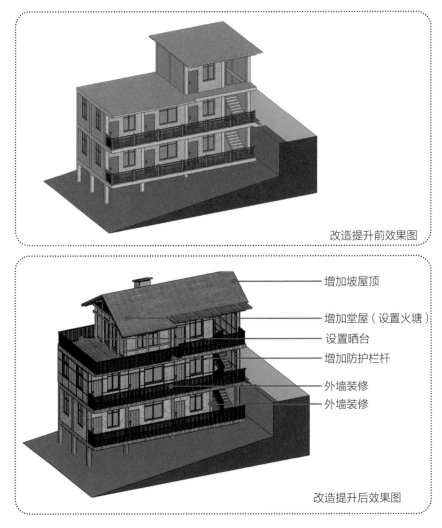

改造提升前效果图

增加坡屋顶

增加堂屋（设置火塘）

设置晒台

增加防护栏杆

外墙装修

外墙装修

改造提升后效果图

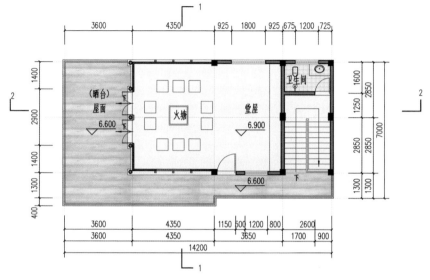

改造提升后三层平面图

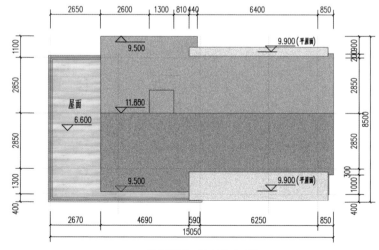

改造提升后屋顶平面图

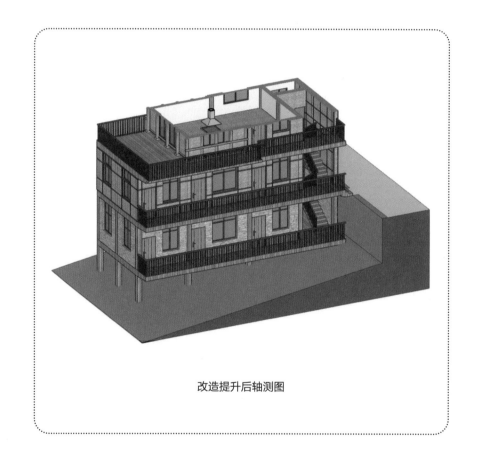

改造提升后轴测图

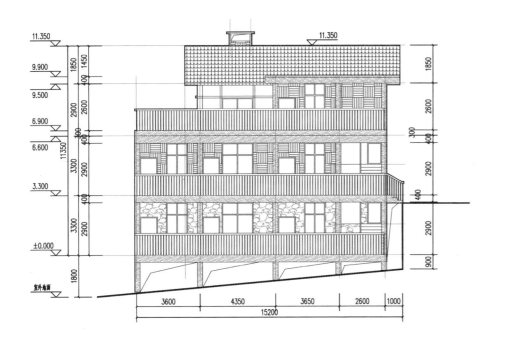

改造提升后正立面图

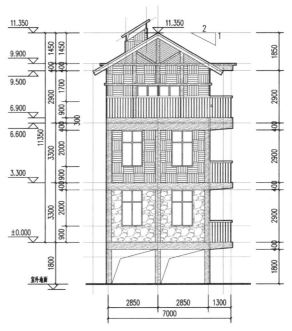

改造提升后左侧立面图

图例

	仿真茅草
	仿木纹涂料
	竹篾笆
	毛石贴面

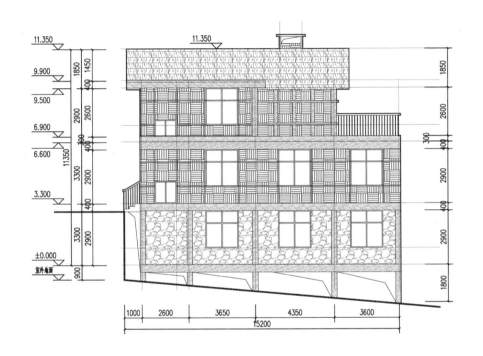

改造提升后背立面图

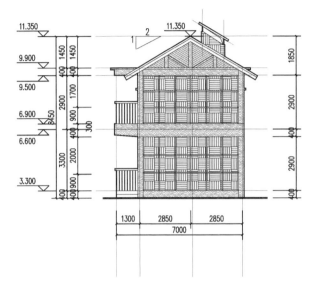

改造提升后右侧立面图

图例

	仿真茅草
	仿木纹涂料
	竹篾笆
	毛石贴面

161

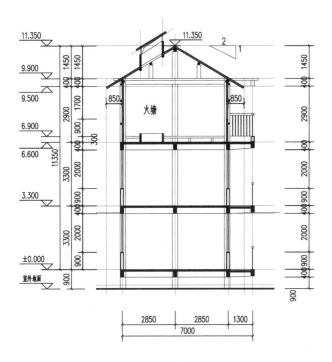

改造提升后 1-1 剖面图

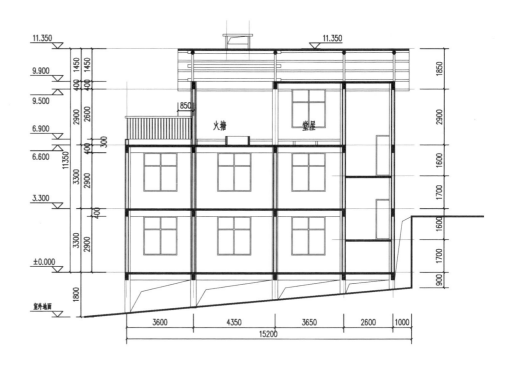

改造提升后 2-2 剖面图

4.3　新建类农房建设指引

4.3.1　新建农房建设原则

以当地农户的生活生产需求和家庭结构为依据，充分利用本地易得建筑材料，针对目前农房建设中存在的问题，从建设选址、设计分类、功能指引、结构选型、建筑材料选择、施工步骤、聚落空间七个层面，引入现代房屋建造系统及设备进行技术革新，科学提炼和传承传统营建智慧，探

索符合当地发展现状和农户实际需求的适宜性技术和农房建造体系。

本建设指引涉及的集体土地上从事住房新建、重建、扩建、改建等有关活动（统称农村住房建设）及其监督管理，应当遵守云南省住房和城乡建设厅公告（第 29 号）《云南省农村住房建设管理办法》。

农房现状一

农房现状二

农房现状三

农房现状四

1. 农房选址

选址原则：应在稳定基岩、坚硬土或开阔、平坦，密实、均匀的中硬土等场地稳定、土质均匀的地段建房。

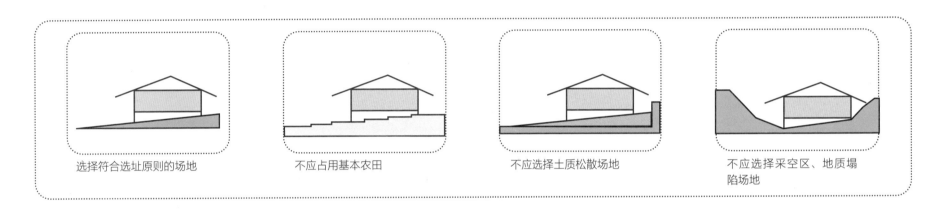

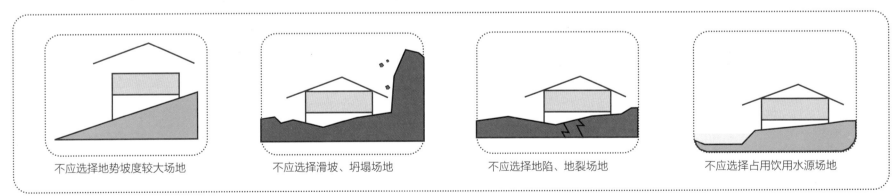

农房建设选址示意图

2. 设计分类

1）按家庭结构分为两代户型和三代户型

（1）两代户型的新建自建农房使用功能及建筑面积满足两代人（家庭人口以四人为基数）的生活生产需求；

（2）三代户型的新建自建农房使用功能及建筑面积满足三代人（家庭人口以六人为基数）的生活生产需求。

2）按建设标准分为基本型户型和改善型户型

（1）基本型户型功能用房及尺度满足现代农户生活生产基本需要，户型建筑面积较小，造价总价较低；

（2）改善型户型功能用房及尺度在满足现代农户生活生产需要的基础上提高舒适度，增加功能用房，改善生活生产质量。户型建筑面积较大，造价总价较高。

3）福贡地区新建自建农房设计分类：

3. 功能指引

功能设计原则：符合现代农户生活生产需求，各功能房间用房的建筑面积适度。

分类	户型	户型面积测算（m²）	特点	备注
两代基本型	2室2厅2卫1储藏	106～136	满足两代农户基本生产生活需求	家庭人口以四人为基数
两代改善型	3室2厅2卫1储藏	146～176	改善两代农户生产生活需求	家庭人口以四人为基数
三代基本型	3室2厅2卫1储藏	129～159	满足三代农户基本生产生活需求	家庭人口以六人为基数
三代改善型	4室2厅2卫1储藏	152～182	改善三代农户生产生活需求	家庭人口以六人为基数

新建自建农房设计分类

类型	功能	基本型建议面积（m²）	改善型建议面积（m²）
生活功能	堂屋（兼起居室）	27～30	30～35
	餐厅	6～8	12～16
	卧室	12～14	12～16
	厨房	12～14	13～17
	卫生间	3～5	4～6
	晒台	27～30	30～35
生产辅助功能	农具储藏室	12～15	6～8
	农产品（农作物）储藏间	12～15	6～8
交通面积	走廊、楼梯	33～40	35～42
合计		106～136	146～176

两代户型各功能用房面积测算表

类型	功能	基本型建议面积（m²）	改善型建议面积（m²）
生活功能	火塘（客厅）	27～30	30～35
	农产品（农作物）储藏间	6～8	12～16
	堂屋（兼起居室）	12～14	12～16
	厨房	12～14	13～17
	卧室	3～5	4～6
	晒台	27～30	30～35
生产辅助功能	农具储藏间	12～15	6～8
	农产品储藏间	12～15	6～8
交通面积	走廊、楼梯	33～40	35～42
合计		129～159	152～182

三代户型各功能用房面积测算表

1）通风设计

通风设计原则：主要功能用房宜对向双侧开窗，促进室内空气对流。

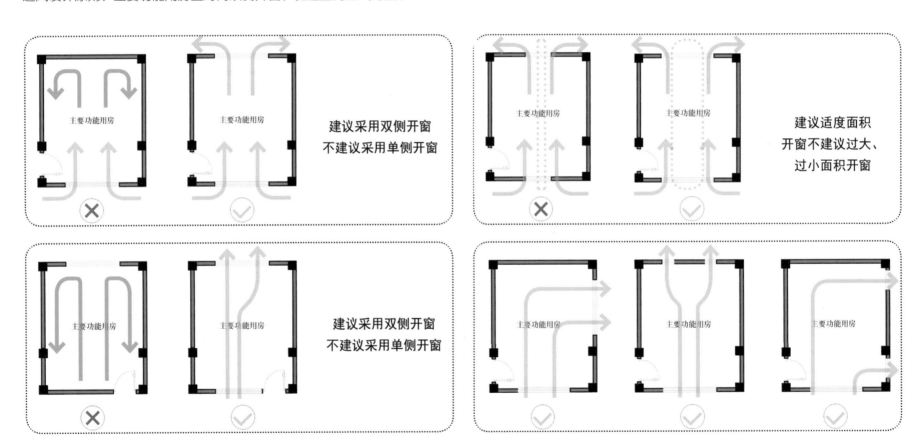

开窗形式示意图

2）遮阳设计

遮阳设计原则：建筑宜采用坡屋顶，设置檐廊或外走廊，满足水平交通功能兼具遮阳效果。

3）排烟设计

排烟设计原则：设置于火塘的房间上方，设置排烟风道，排除火塘使用时产生的烟气。

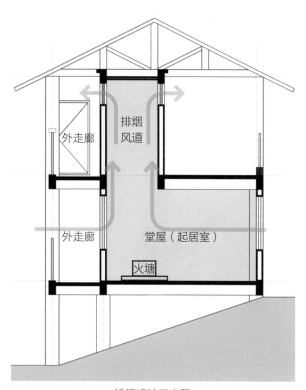

不宜采用短挑檐
宜采用长挑檐

无檐廊或外走廊
无遮阳

有檐廊或外走廊
提供遮阳

宜设置檐廊或外走廊

遮阳设计示意图

外走廊

排烟风道

外走廊

堂屋（起居室）

火塘

排烟设计示意图

4. 结构选型

结构选型原则：结构类型安全坚固，建筑空间灵活可变，建筑材料普遍易得，建设成本经济合理，建造技术成熟普及。

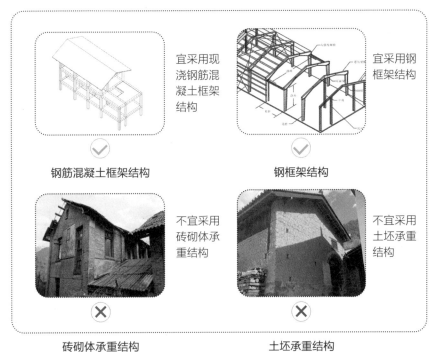

钢筋混凝土框架结构　　宜采用现浇钢筋混凝土框架结构

钢框架结构　　宜采用钢框架结构

砖砌体承重结构　　不宜采用砖砌体承重结构

土坯承重结构　　不宜采用土坯承重结构

钢筋混凝土框架结构实例

钢框架结构实例

5. 建筑材料选择

1）屋面瓦材选择原则：应符合当地风貌，价格适宜，如石板瓦、混凝土瓦、树脂茅草瓦等；不得采用石棉瓦、彩钢板瓦，不建议采用树脂瓦等性能较差且破坏风貌的瓦材。

2）外围护墙体材料选择原则：基层应满足物理力学性能，价格适宜；面层应符合当地风貌，兼顾美观。

3）外墙装饰色彩选择原则：应采用符合本地建筑风貌控制要求的色彩，参照《中国建筑色卡》符合国家标准《颜色的表示方法》GB/T 18922-2008。

建议采用石板瓦

建议采用混凝土瓦

建议采用树脂茅草瓦

不得采用石棉瓦

不得采用彩钢板瓦

不建议采用树脂瓦

屋面瓦材选择原则

基层

建议采用混凝土空心砖

建议采用灰色黏土青砖（回收利用）

建议采用当地毛石

面层

鼓励采用符合当地风貌的涂料

鼓励采用木板作为外墙饰面

鼓励采用竹篾笆作为外墙饰面

墙体材料选择原则

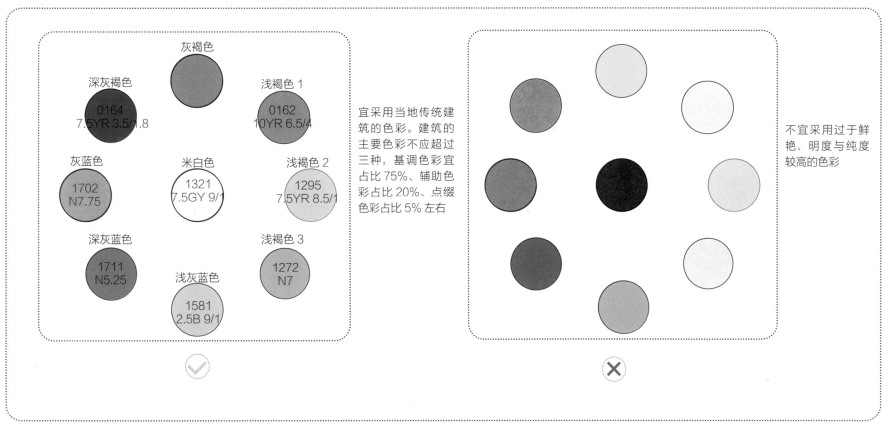

灰褐色

深灰褐色

0164
7.5YR 3.5/1.8

浅褐色 1

0162
10YR 6.5/4

灰蓝色

1702
N7.75

米白色

1321
7.5GY 9/1

浅褐色 2

1295
7.5YR 8.5/1

深灰蓝色

1711
N5.25

浅灰蓝色

1581
2.5B 9/1

浅褐色 3

1272
N7

宜采用当地传统建筑的色彩。建筑的主要色彩不应超过三种，基调色彩宜占比 75%、辅助色彩占比 20%、点缀色彩占比 5% 左右

不宜采用过于鲜艳、明度与纯度较高的色彩

外墙装饰色彩选择

6. 施工步骤

　　具体施工步骤如本页图示，需注意水、电管线及设备应根据施工步骤
同步施工安装。

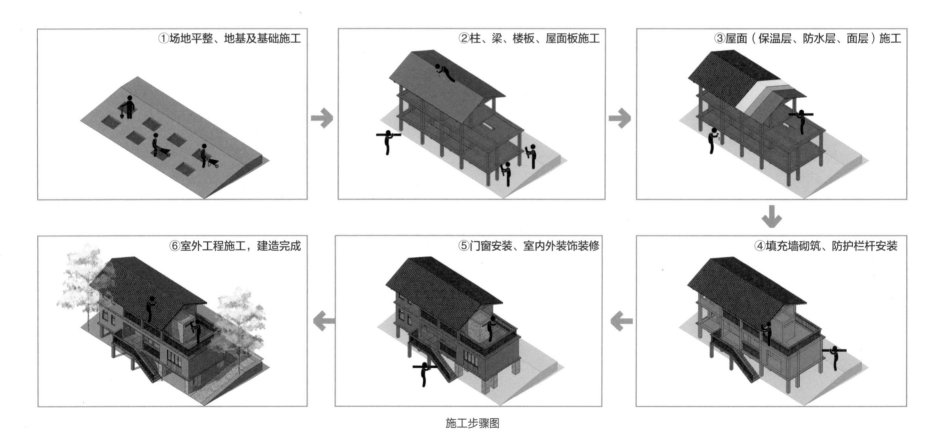

①场地平整、地基及基础施工

②柱、梁、楼板、屋面板施工

③屋面（保温层、防水层、面层）施工

④填充墙砌筑、防护栏杆安装

⑤门窗安装、室内外装饰装修

⑥室外工程施工，建造完成

施工步骤图

7. 聚落空间

新建农房应选择适宜场地，有序布局形成组团；组团应结合地形，有机组合形成聚落；聚落应顺应地势，自然组合形成具有当地传统特色的村落空间。

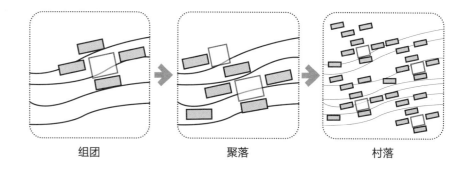

组团　　　　　聚落　　　　　村落

聚落空间效果图

4.3.2　新建农房设计方案

1. 设计方案类型一

　　A 户型特点：建筑层数为两层，下方设置架空层。正面入户，单侧外走廊，以火塘为核心组织堂屋（起居室、餐厅、厨房）使用功能，火塘排烟设置烟囱，起居室上方设置晒台；满足两代农户生活生产基本需要。

分类	户型	户型面积测算（m²）	特点	备注
两代基本型	4室2厅1厨2卫3储藏	119	满足两代农户生活生产需求	家庭人口以四人为基数

A 户型效果图

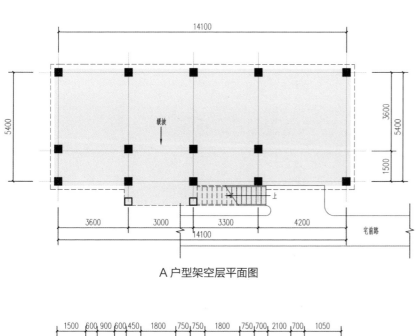

A 户型架空层平面图

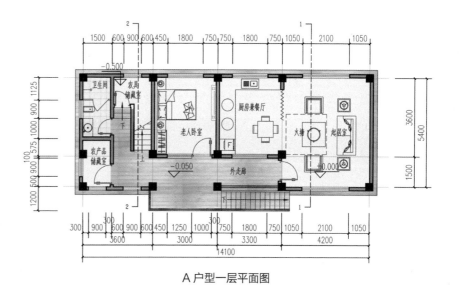

A 户型一层平面图

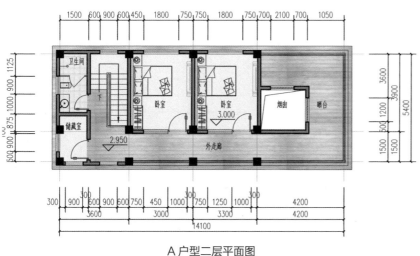

A 户型二层平面图

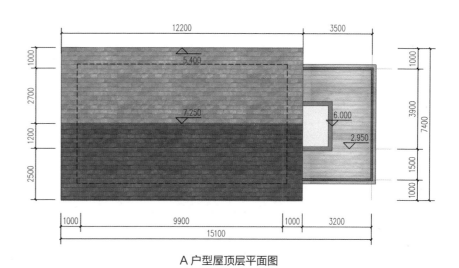

A 户型屋顶层平面图

A 户型正立面图

A 户型右侧立面图

A 户型背立面图

A 户型左侧立面图

图例

深蓝灰色石板瓦

深灰褐色仿木纹涂料

浅褐色3涂料

毛石贴面

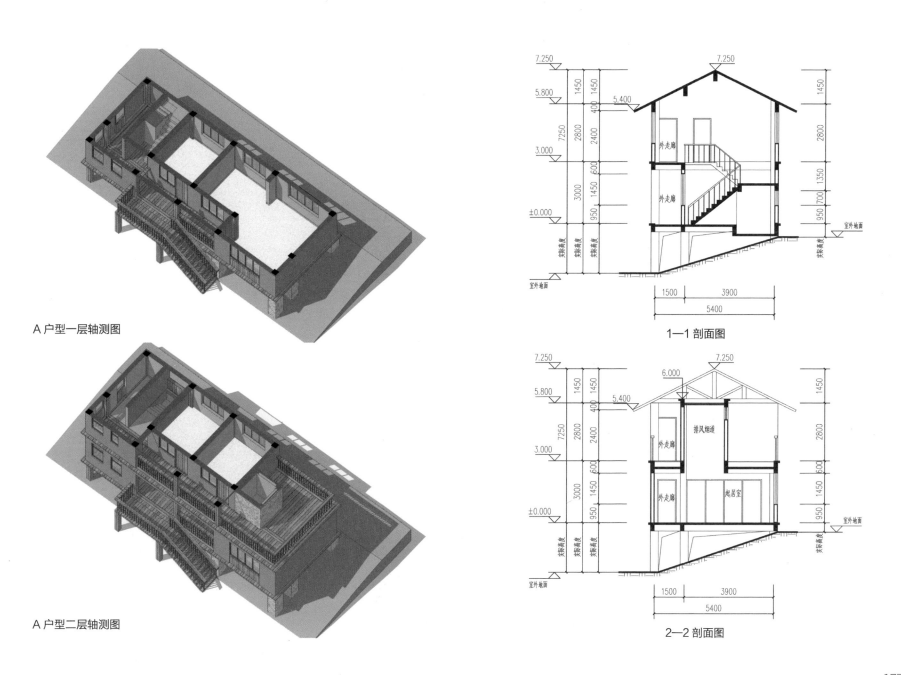

A 户型一层轴测图

A 户型二层轴测图

1—1 剖面图

2—2 剖面图

B 户型特点：建筑层数为两层，下方设置架空层。正面入户，单侧外走廊，以火塘为核心组织堂屋（起居室、餐厅、厨房）使用功能，火塘排烟设置烟囱，起居室上方设置晒台；满足两代农户生活生产基本需要的基础上，增加功能用房的建筑面积，提高舒适度。

分类	户型	户型面积测算（m²）	特点	备注
两代改善型	4室2厅1厨2卫3储藏	155	改善两代农户生活生产需求	家庭人口以四人为基数

B 户型

B 户型效果图

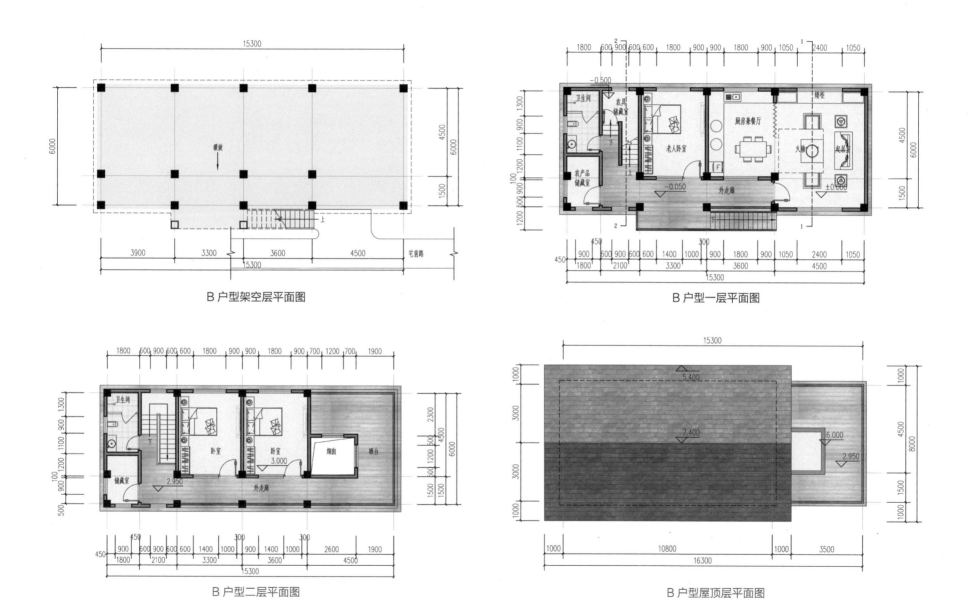

B 户型架空层平面图

B 户型一层平面图

B 户型二层平面图

B 户型屋顶层平面图

B 户型正立面图

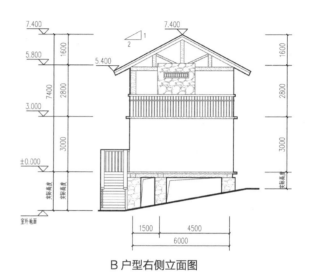

B 户型右侧立面图

B 户型背立面图

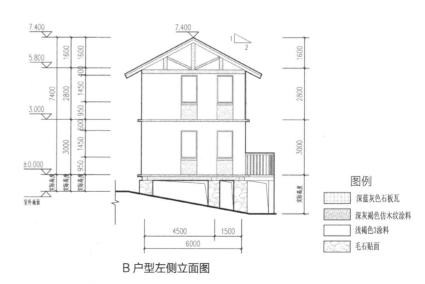

B 户型左侧立面图

图例

	深蓝灰色石板瓦
	深灰褐色仿木纹涂料
	浅褐色3涂料
	毛石贴面

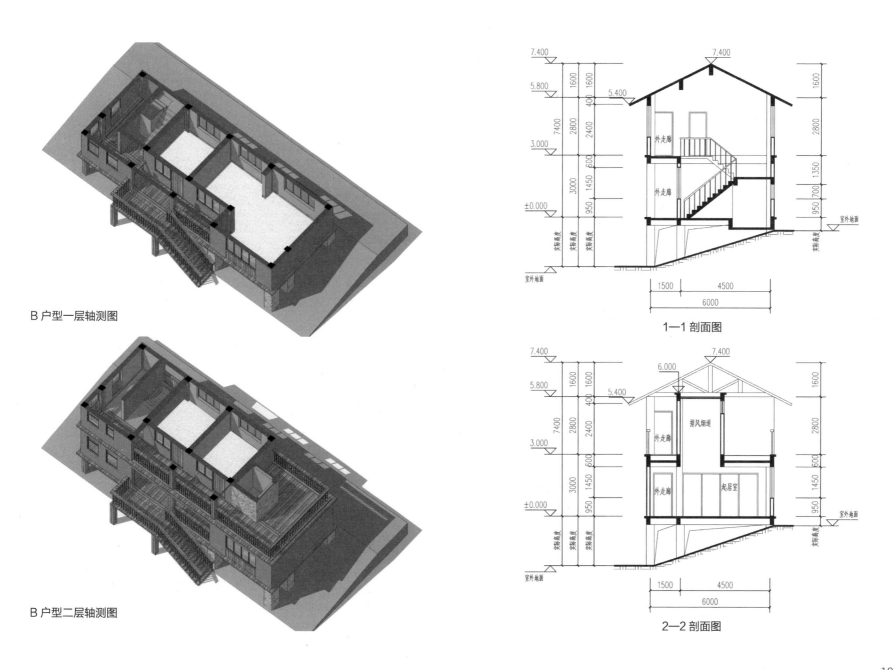

B 户型一层轴测图

1—1 剖面图

B 户型二层轴测图

2—2 剖面图

C 户型特点：建筑层数为两层，下方设置架空层。正面入户，单侧外走廊，以火塘为核心组织堂屋（起居室、餐厅、厨房）使用功能，火塘排烟设置烟囱，起居室上方设置晒台；满足三代农户生活生产基本需要。

分类	户型	户型面积测算（m²）	特点	备注
三代基本型	3室2厅1厨2卫3储藏	135	满足三代农户生活生产需求	家庭人口以六人为基数

C 户型

C 户型效果图

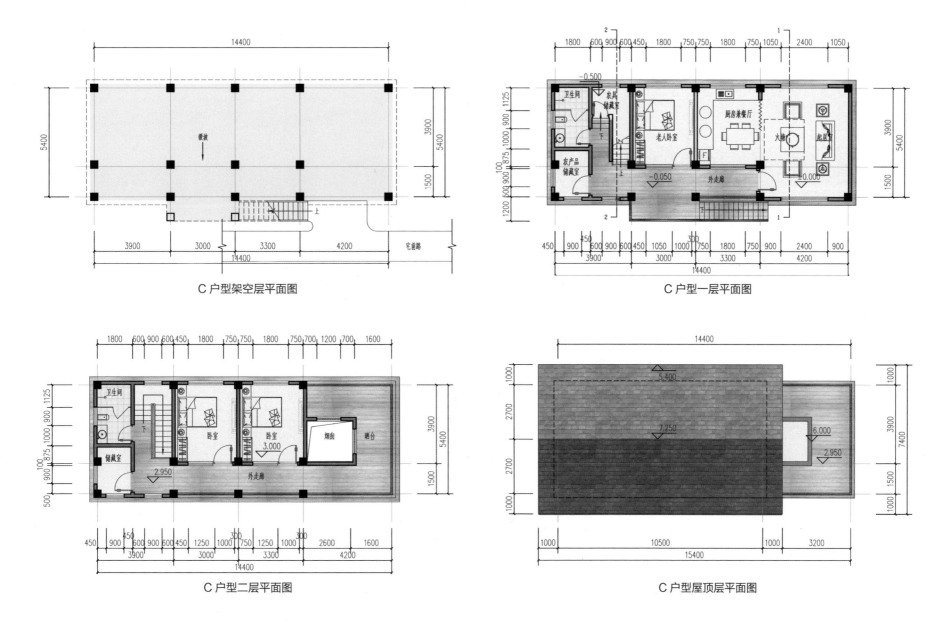

C 户型架空层平面图

C 户型一层平面图

C 户型二层平面图

C 户型屋顶层平面图

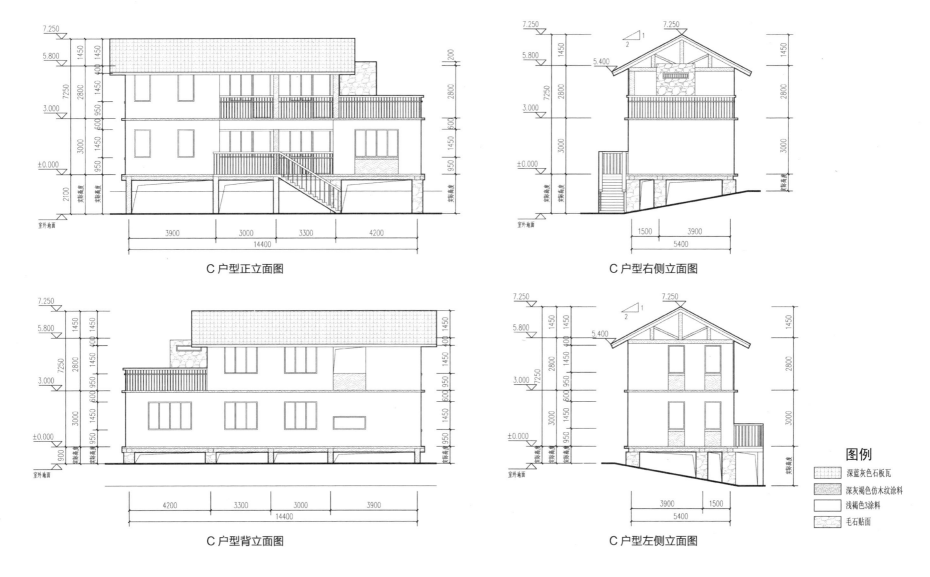

C 户型正立面图

C 户型右侧立面图

C 户型背立面图

C 户型左侧立面图

图例

深蓝灰色石板瓦

深灰褐色仿木纹涂料

浅褐色3涂料

毛石贴面

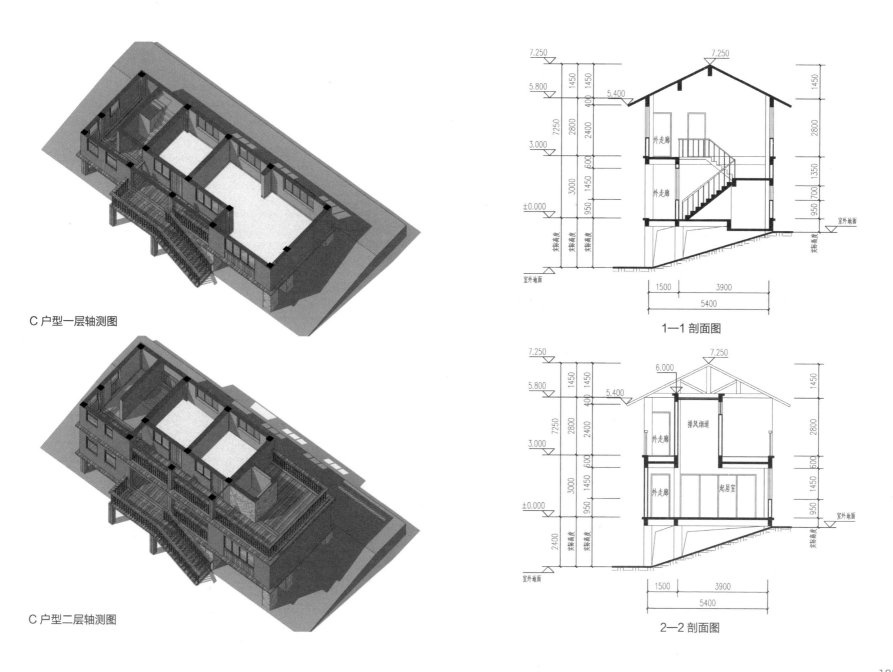

C 户型一层轴测图

C 户型二层轴测图

1—1 剖面图

2—2 剖面图

D 户型特点：建筑层数为两层，下方设置架空层。正面入户，单侧外走廊，以火塘为核心组织堂屋（起居室、餐厅、厨房）使用功能，火塘排烟设置烟囱，起居室上方设置晒台；满足三代农户生活生产基本需要的基础上，增加功能用房的建筑面积，提高舒适度。

分类	户型	户型面积测算（m²）	特点	备注
三代改善型	4室2厅1厨2卫3储藏	180	改善三代农户生活生产需求	家庭人口以六人为基数

D 户型效果图

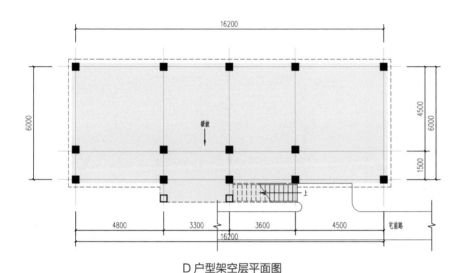

D 户型架空层平面图

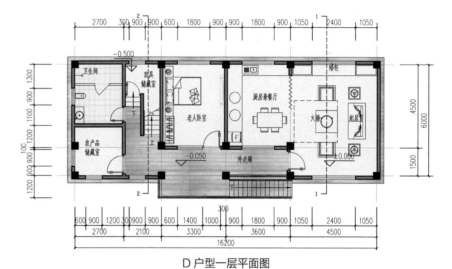

D 户型一层平面图

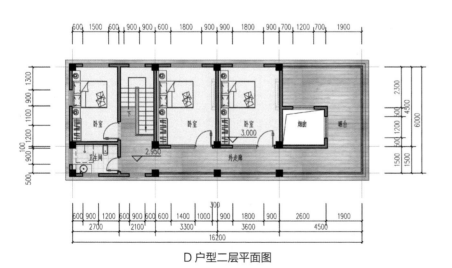

D 户型二层平面图

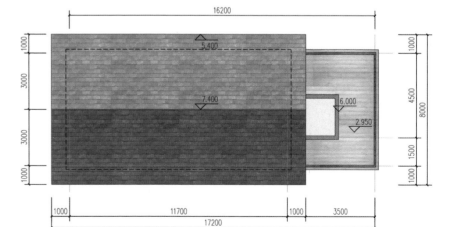

D 户型屋顶层平面图

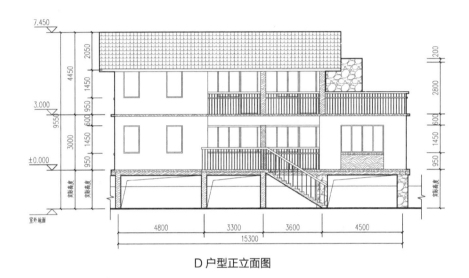

D 户型正立面图

D 户型右侧立面图

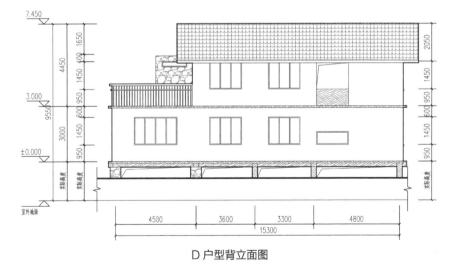

D 户型背立面图

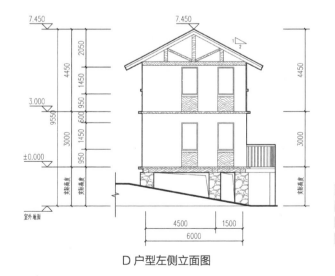

D 户型左侧立面图

图例

深蓝灰色石板瓦
深灰褐色仿木纹涂料
浅褐色3涂料
毛石贴面

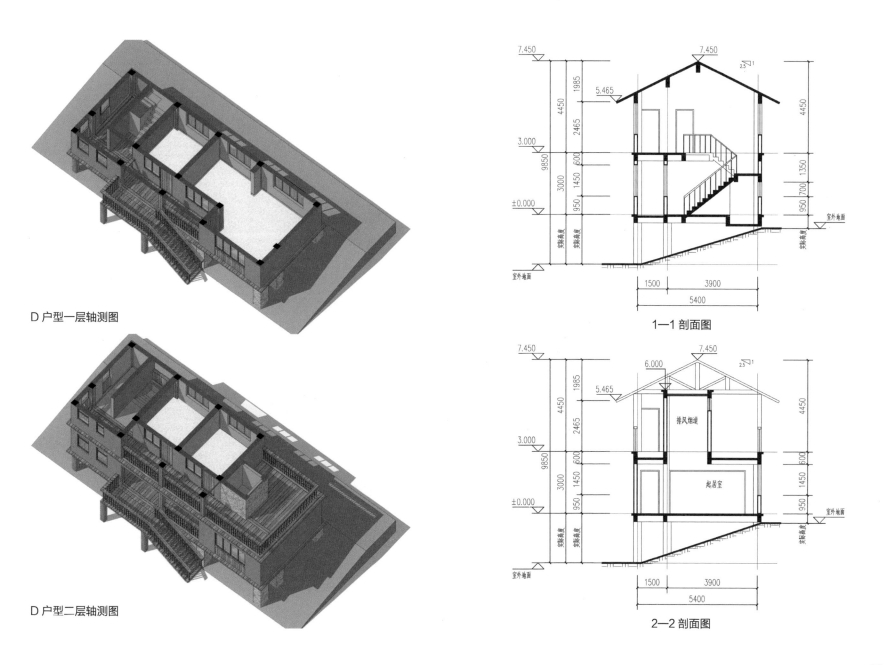

D 户型一层轴测图

D 户型二层轴测图

1—1 剖面图

2—2 剖面图

2. 设计方案类型二

　　A 户型特点：建筑层数为两层，下方设置架空层。侧面入户，单侧外走廊。以火塘为核心组织堂屋（起居室、餐厅、厨房）使用功能，火塘上方设无动力风帽排除烟气。起居室两层通高，厨房上方设置夹层。一层室外设置晒台。满足两代农户基本生产生活需求。

分类	户型	户型建筑面积测算（m²）	特点	备注
两代基本型	2室2厅1厨1卫3储藏	123.70	满足两代农户基本生活生产需求	家庭人口以四人为基数

A 户型

A 户型效果图

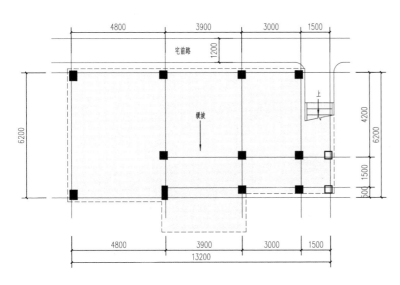

A 户型架空层平面图

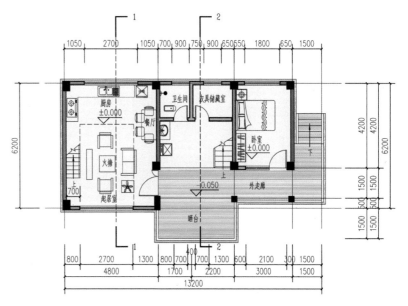

A 户型一层平面图

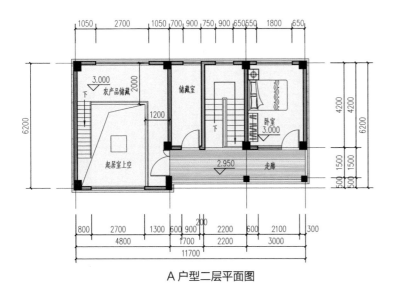

A 户型二层平面图

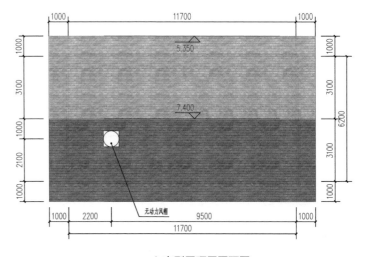

A 户型屋顶层平面图

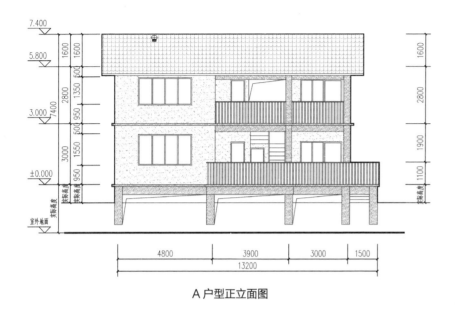

A 户型正立面图

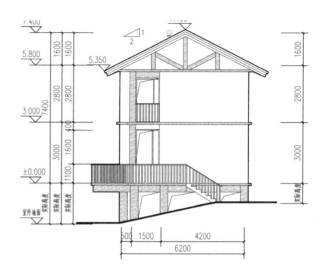

A 户型右侧立面图

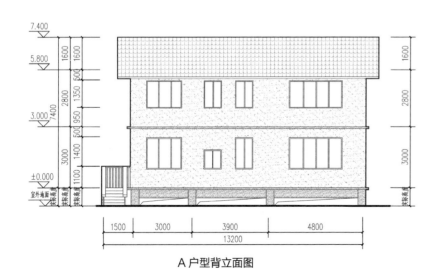

A 户型背立面图

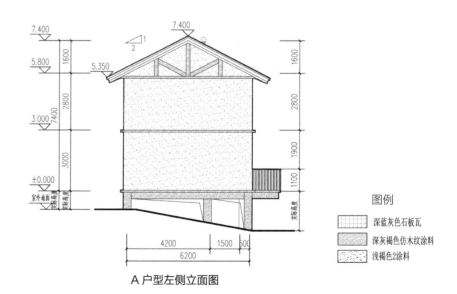

A 户型左侧立面图

图例

深蓝灰色石板瓦

深灰褐色仿木纹涂料

浅褐色2涂料

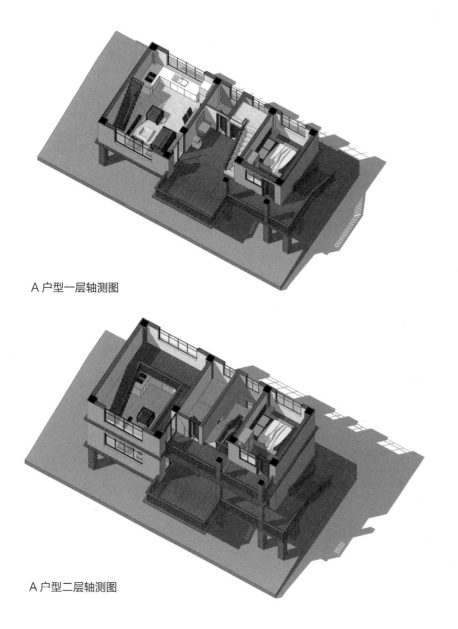

A 户型一层轴测图

A 户型二层轴测图

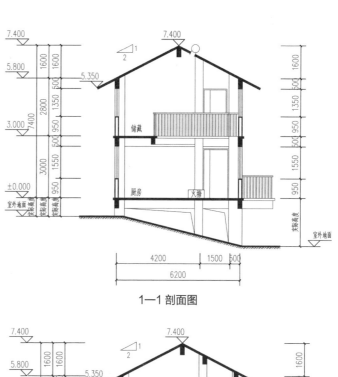

1—1 剖面图

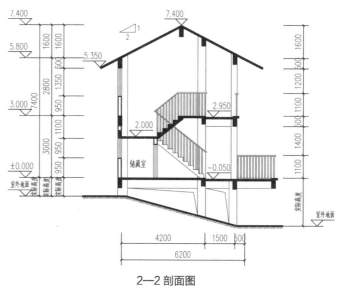

2—2 剖面图

B 户型特点：建筑层数为两层，下方设置架空层。侧面入户，单侧外走廊。以火塘为核心组织堂屋（起居室、餐厅、厨房）使用功能，火塘上方设无动力风帽排除烟气。起居室两层通高，厨房上方设置夹层。一层室外设置晒台。满足两代农户基本生活生产需求的基础上，提高舒适度并增加功能用房。

分类	户型	户型建筑面积测算（m²）	特点	备注
两代改善型	3室2厅1厨1卫3储藏	145.05	改善两代农户生活生产需求	家庭人口以四人为基数

B 户型

B 户型效果图

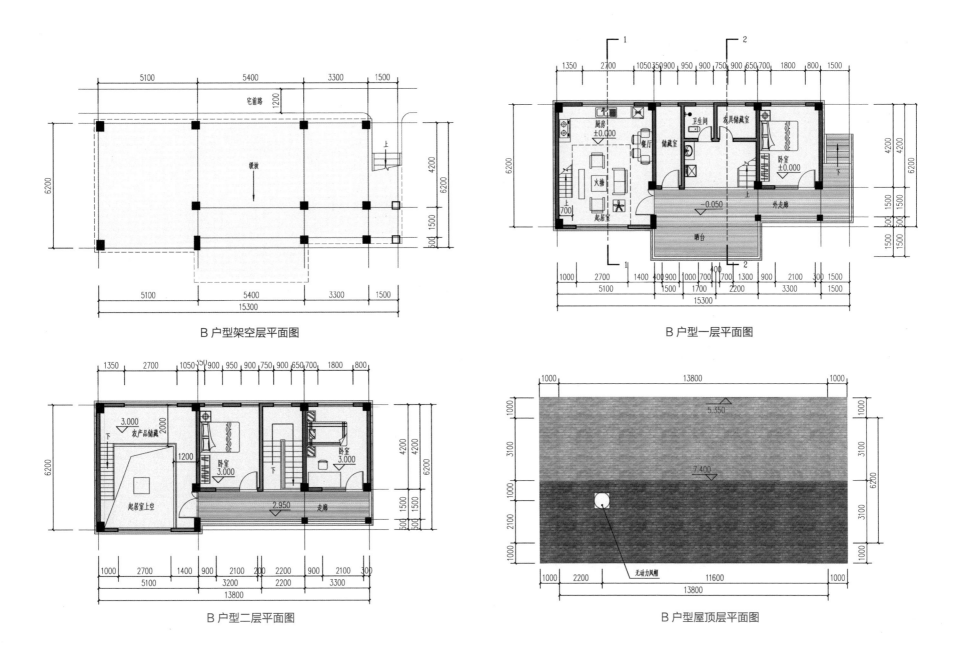

B 户型架空层平面图

B 户型一层平面图

B 户型二层平面图

B 户型屋顶层平面图

B 户型正立面图

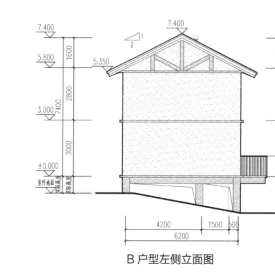

B 户型右侧立面图

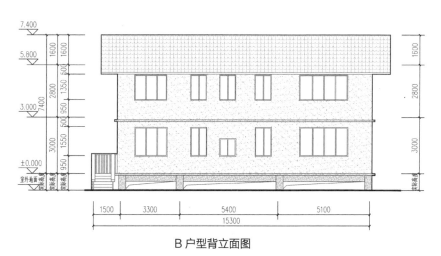

B 户型背立面图

B 户型左侧立面图

图例

深蓝灰色石板瓦

深灰褐色仿木纹涂料

浅褐色2涂料

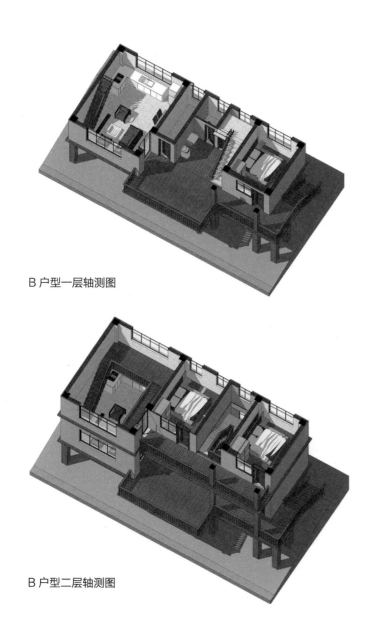

B 户型一层轴测图

B 户型二层轴测图

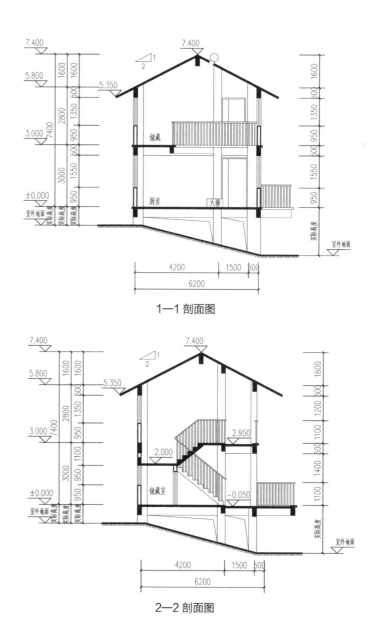

1—1 剖面图

2—2 剖面图

C 户型特点：建筑层数为两层，下方设置架空层。侧面入户，单侧外走廊。以火塘为核心组织堂屋（起居室、餐厅、厨房）使用功能，火塘上方设无动力风帽排除烟气。起居室两层通高，厨房上方设置夹层。一层室外设置晒台。满足三代农户基本生产生活需求。

分类	户型	户型建筑面积测算（m²）	特点	备注
三代基本型	3室2厅1厨1卫3储藏	148.83	满足三代农户基本生活生产需求	家庭人口以六人为基数

C 户型

C 户型效果图

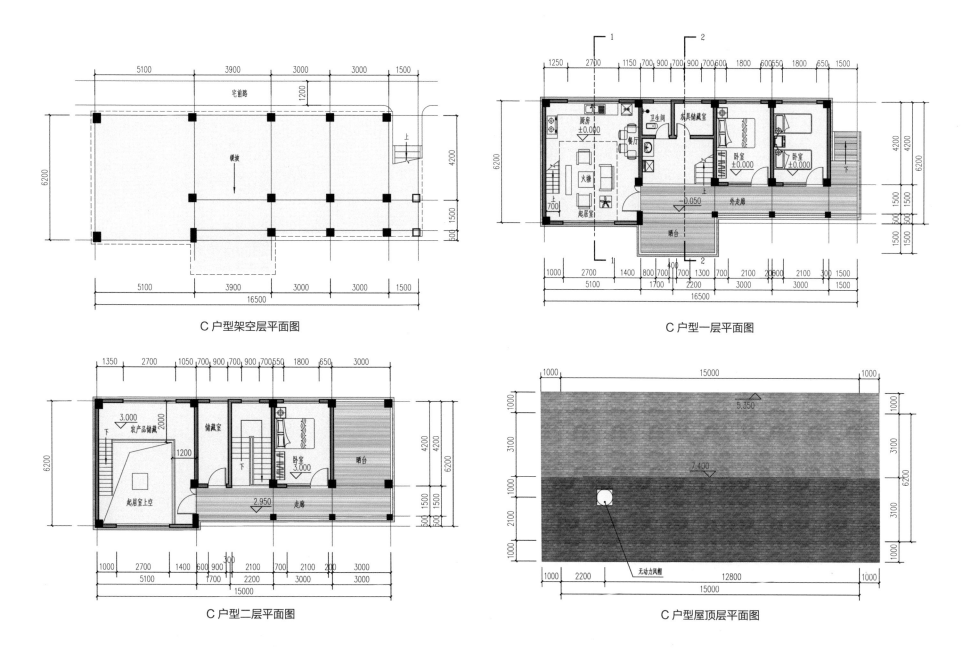

C 户型架空层平面图

C 户型一层平面图

C 户型二层平面图

C 户型屋顶层平面图

C 户型正立面图

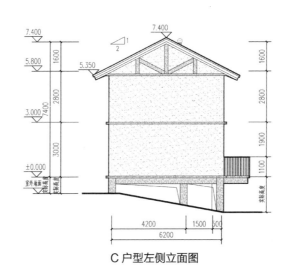

C 户型右侧立面图

C 户型背立面图

C 户型左侧立面图

图例

深蓝灰色石板瓦

深灰褐色仿木纹涂料

浅褐色2涂料

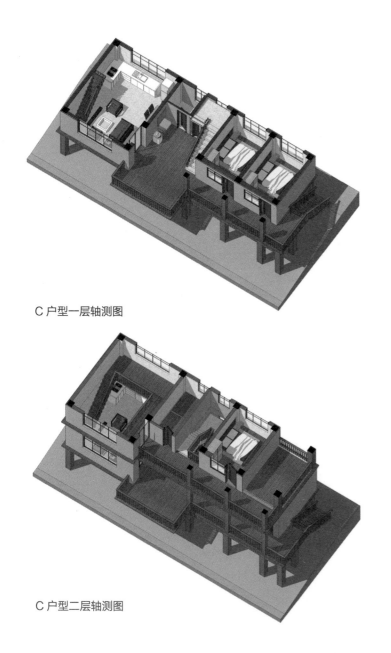

C 户型一层轴测图

C 户型二层轴测图

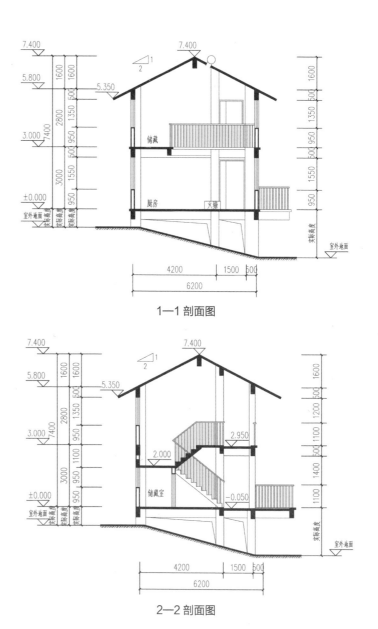

1—1 剖面图

2—2 剖面图

　　D 户型特点：建筑层数为两层，下方设置架空层。侧面入户，单侧外走廊。以火塘为核心组织堂屋（起居室、餐厅、厨房）使用功能，火塘上方设无动力风帽排除烟气。起居室两层通高，厨房上方设置夹层。一层室外设置晒台。满足三代农户基本生活生产需求的基础上，提高舒适度并增加功能用房。

分类	户型	户型建筑面积测算（m²）	特点	备注
三代改善型	4室2厅1厨 2卫3储藏	165.87	改善三代农户生活生产需求	家庭人口以六人为基数

D 户型

D 户型效果图

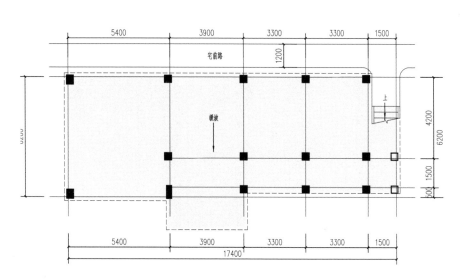

D 户型架空层平面图

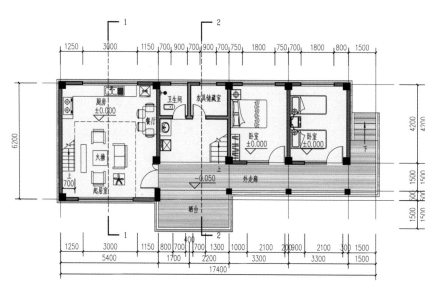

D 户型一层平面图

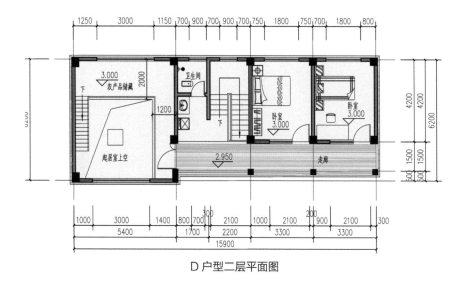

D 户型二层平面图

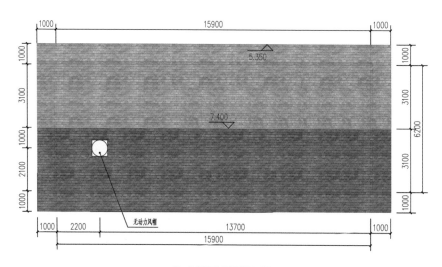

D 户型屋顶层平面图

D 户型正立面图

D 户型背立面图

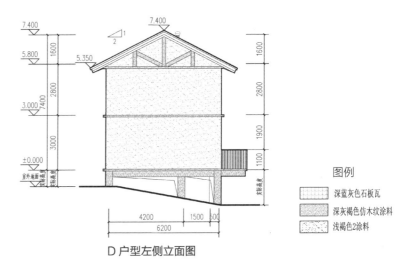

D 户型右侧立面图

D 户型左侧立面图

图例

深蓝灰色石板瓦

深灰褐色仿木纹涂料

浅褐色2涂料

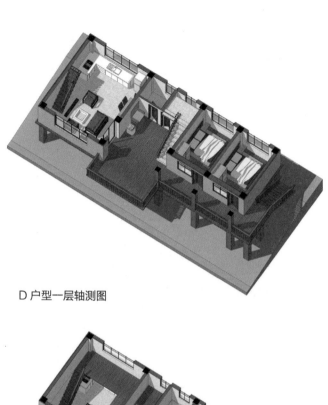

D 户型一层轴测图

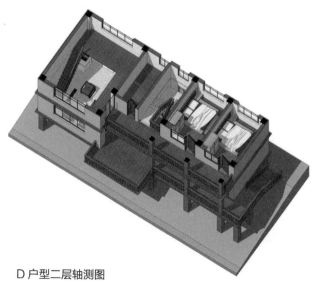

D 户型二层轴测图

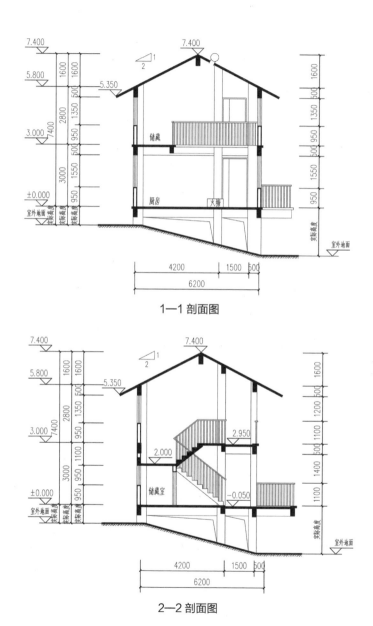

1—1 剖面图

2—2 剖面图

第 5 章

贡山地区农房建设指引

北京建筑大学、北京未来城市设计高精尖创新中心：

张大玉、李雪华、李春青、穆钧、龙林格格、蒋蔚、陈翔宇、王海阳、刘轲、张琛、刘国刚

北京市建筑设计研究院有限公司：

李亦农、王建海、李炤楠、张斌、柳澎、宓宁、陈翔、王汉民、陆旭、张晓东

5.1 规划建设指引

5.1.1 公共系统

1. 基础设施

1）道路

①现状问题：道路水泥硬化，宽度 2~3.5m 较窄。

②解决建议：村内机动车主路，路宽（含路肩）4m；在村南北两头，村委会设置 3 处集中机动车停车场；入户支路宽 2.5m，材料采用当地石板。

2）公共照明

①现状问题：缺少照明，电线架空。

②解决建议：村落路灯、入户支路灯，远期电线入地；路灯及景观灯要以太阳能灯为主，灯具反映少数民族特点，避免城市化感觉。

3）给水排水

①现状情况：村落各户都已接通自来水。

②解决建议：地面径流（雨水）有组织排放；每户院内结合厨卫模块系统，做有组织污水排放。

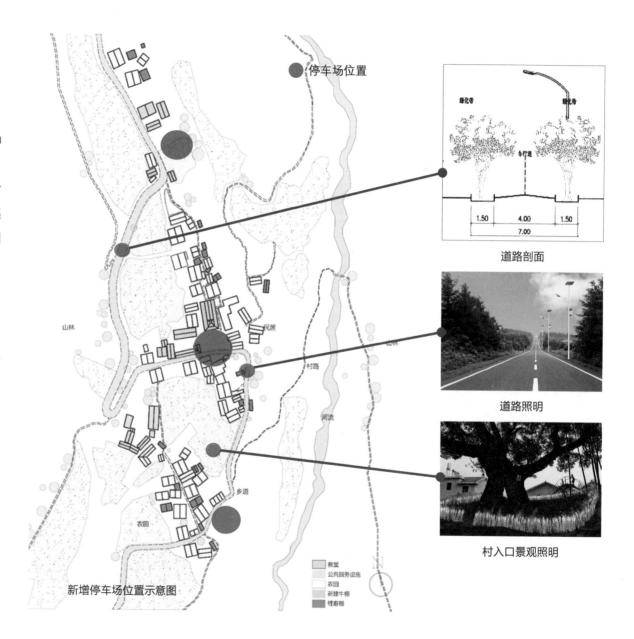

停车场位置

道路剖面

道路照明

村入口景观照明

新增停车场位置示意图

教堂
公共服务设施
农田
新建牛棚
牲畜棚

2. 公共交流

1）仪式空间

①现状情况：贡山县天主教教堂众多，基本上每个自然村都有教堂作为村内唯一仪式空间。

②解决建议：提供村庄聚会广场。

2）休闲娱乐空间

①现状问题：缺少休闲娱乐空间。

②解决建议：在原村委会广场增加手工编织工坊，用于边工作边交流。

3）节点空间

①现状问题：有机生长，缺少秩序。

②解决建议：结合景观，设计小品等手段设计村头聚会广场。

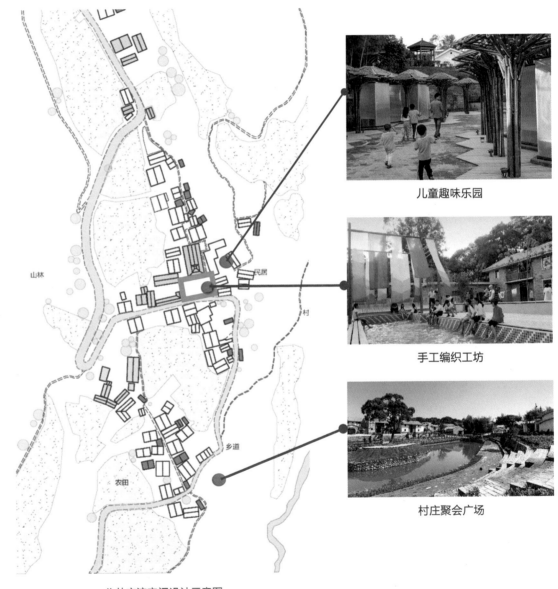

儿童趣味乐园

手工编织工坊

村庄聚会广场

公共交流空间设计示意图

3. 公共服务

1）文化教育

①现状问题：缺少文化活动和教育设施。

②解决建议：新增图书阅读室和幸福童年育教园（用于低幼、小学低年级）。

2）医疗卫生

①现状问题：缺少医疗卫生空间。

②解决建议：在原村落空间中新增医疗卫生服务点。

3）体育设施

①现状问题：各村均有篮球场，大部分都与教堂或村委会相邻，活动容易相互干扰。

②解决建议：结合周边空间，明确分区，将露天篮球场与室内健身运功空间结合，形成体育活动区。

4）商业便民点

①现状问题：缺少商业便民设施。

②解决建议：在原村落空间中新增商业便民超市。

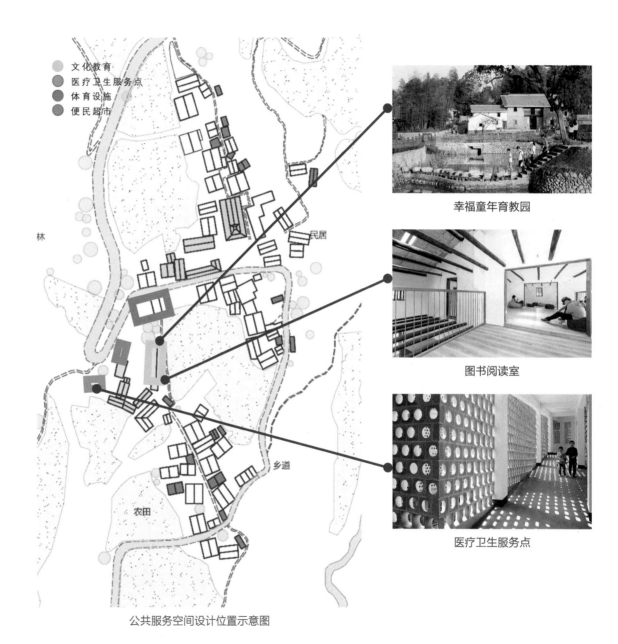

- 文化教育
- 医疗卫生服务点
- 体育设施
- 便民超市

林

民居

乡道

农田

公共服务空间设计位置示意图

幸福童年育教园

图书阅读室

医疗卫生服务点

4.环境景观

1）自然环境

①现状情况：自然环境优美；自然资源丰富。

②发展建议：结合旅游产业增效益促发展。

2）村落景观

①现状情况：自然环境质朴。

②发展建议：保持质朴，提升气质，设置村头入口景观节点。

3）道路两侧景观

①现状情况：缺少组织，较凌乱。

②发展建议：结合竹篱笆、挡土墙，美化道路景观。

4）房屋前后景观

①现状情况：多种植物，环境杂乱。

②发展建议：丰富景观层次，形成具有地方特色的独特风景。

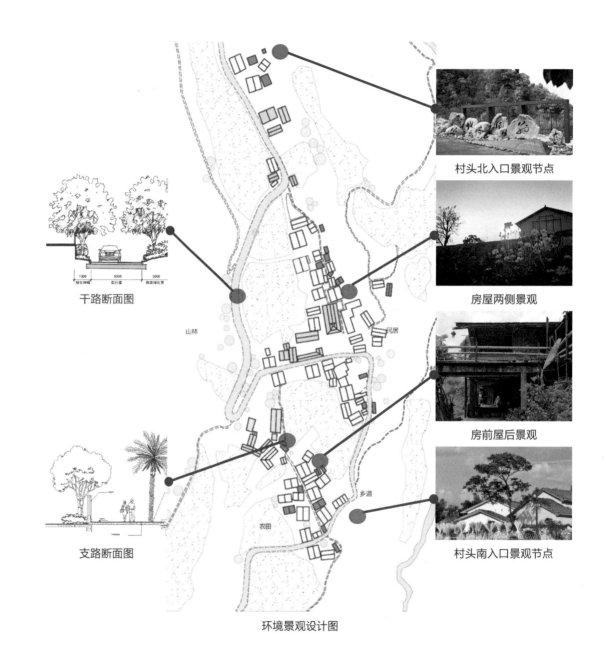

干路断面图

支路断面图

村头北入口景观节点

房屋两侧景观

房前屋后景观

村头南入口景观节点

环境景观设计图

5.1.2 产业培育系统

1. 产业培育

产业发展原则：强三重一促二，强化第三产业的发展。

产业发展规划：特色旅游产业；发展特色农业；促进民俗文化产业。

2. 特色旅游产业

贡山县相关自然村的生态旅游开发，应特别研究高黎贡山国家级自然保护区生态旅游开发的指导思想和原则，联系相关开发主体，科学有序推进旅游景区的建设。

对待这个国家级自然保护区、世界生物圈保护区、三江并流世界文化遗产的重要组成部分，对待这个具有国际意义的陆地生物多样性关键地区。应坚持"绿水青山就是金山银山"的原则，遵守国家相关的法律、法规和政策。

"三江并流"被定为第二批国家级风景名胜区。2003 年 7 月根据自然遗产评选标准，被列入《世界遗产目录》。

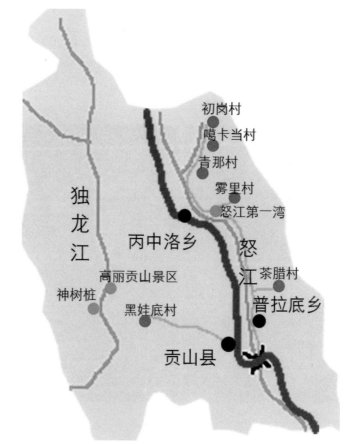

独龙江与贡山县位置示意

3. 贡山县州旅游资源概况

三江并流的怒江与独龙江区域与高黎贡山自然保护区构成了怒江州的主要生态旅游资源区域。

6 个自然村周边 2 小时车程内的旅游资源分布

丙中洛初岗、嘎卡当、青那、雾里、茶腊 5 个村周边的旅游资源分布。

怒江第一湾、贡当神山、桃花岛、丙中洛田园风、小茶腊、石门雾里民族村落、茶马古道、秋那桶、那恰恰大峡谷、嘎瓦嘎普雪山、普化寺（藏传佛教寺院）、重丁教堂等。

周边的旅游景色

高黎贡山自然景区景色

4. 产业培育系统解决措施

1）现状产业

	茶马古道	现状：滇藏茶马古道保存完好	通过互联网、广告等进行旅游推广
旅游产业	高黎贡山自然风景区	现状：自然风景区生态环境良好，景色宜人	联合旅游公司开发徒步、自驾、房车游等特色旅行产品
	滇藏线	现状：进藏旅游路线之一，道路状况不好，常伴随自然灾害	进一步争取基础设施投资，改善交通环境
特色农业	牲畜养殖	现状：养殖种类多，一些村落个户多为放养状态	开发独龙鸡、独龙牛等特色养殖，并开展肉类产品的就地加工
	当地作物	现状：种植作物种类多，且种植面积大	开展黑块菌、白山药、中草药等特色作物种植

2）依据

《高黎贡山自然保护区总体规划》

《高黎贡山旅游度假区总体规划和详细规划》

《怒江傈僳族自治州城镇体系规划（2008—2025）》

《怒江州旅游产业"十三五"发展规划》

《怒江州脱贫攻坚旅游建设发展规划（2016—2025年）》

《怒江大峡谷旅游总体规划》

《贡山县城市总体规划》

《怒江大峡谷丙中洛旅游区总体规划》（2016—2035年）

3）旅游资源开发分析

（1）旅游发展的挑战

①旅游开发程度低：时间短、起点低，基础设施供给整体水平低。交通设施运力不足，只有一条二级公路，景区路况差，接待设施不完善，住宿餐饮档次不高，接待规模和能力有待提高。游乐设施严重缺乏，没有体现当地风土人情的表演和游乐活动，行程以自然景观观光为主。

②旅游季节性制约：淡旺季分布不均，一般旺季为5~10月，旅游承载力下降，直接后果是旺季，导游、交通、住宿、餐饮等旅游配套设施接待能力严重不足；淡季时这些配套设施大量闲置。供求的季节性矛盾十分突出。

③旅游开发对当地的影响：该地区的生态旅游事业起步晚，自然保护区地处偏远山区，人们对自然保护和生态旅游之间的意义知之甚少，保护与发展的矛盾比较突出。

旅游资源开发

（2）解决方案理念

①在认真研究上位的各项规划基础上，首先需要明确村落产业发展的定位，明确哪些是以旅游产业为主、哪些以特色农业为主、哪些以特色民俗产业为主，每个村落有特点，发展有重点。

②贡山县所辖村落位于怒江大峡谷的交通线附近。怒江州在云南省的所处区位和特点，不属于昆明—坝美、大理—丽江—香格里拉、西双版纳、保山—瑞丽四个主要的云南旅游圈。但却是云南进入西藏的重要交通通道，可以突出驿站特色，辐射周边景点。

③贡山县所辖村落属于重要的国家级自然保护区、世界生物圈保护区、三江并流世界文化遗产的重要组成部分，对待这个具有国际意义的陆地生物多样性关键地区，应坚持"绿水青山就是金山银山"，强调保护、谨慎开发、控制容量，以特色旅游、特色产业、特色民俗发展村域经济。

无线基站意向

示范乡村道路意向

自行车驿站意向

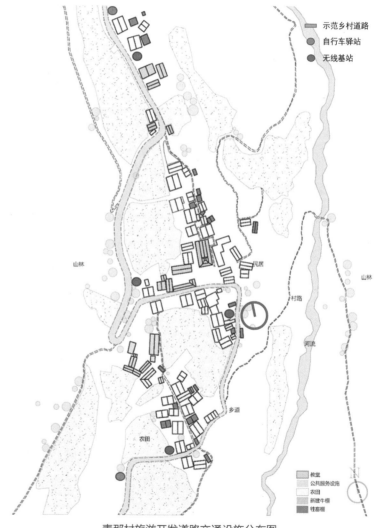

青那村旅游开发道路交通设施分布图

（3）具体解决措施

①在保护的基础上逐步增加基础设施供给，如道路、给水排水设施。

②在保护的基础上逐步增加旅游接待设施（宾馆、民宿、餐厅、公厕等）。

③在保护的基础上逐步增加房车营地、车辆维修设施、徒步营地等。

④在保护的基础上逐步增加旅游景观设施等。

餐厅室内意向图

改建民宿意向图

新建民宿意向图

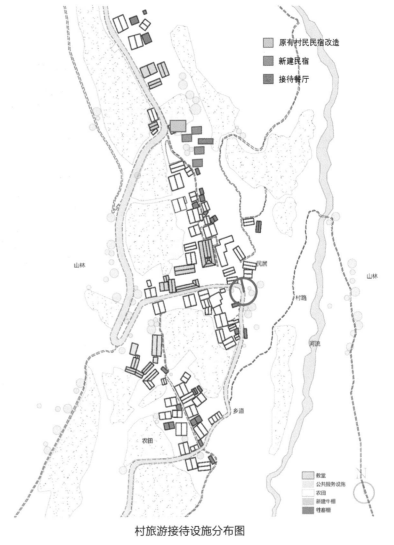

村旅游接待设施分布图

4）旅游产业发展对策

①加快产业结构调整，依靠农业科技提高粮食产量。

②利用草场资源，大力发展畜牧业；有待专业策划团队辅助当地政府发掘相关资源。

③利用丰富的自然资源、民族文化、民族特色，以农家乐的发展模式促进经济发展，农民增收。

④建筑规划可以干预的产业有：旅游接待民宿、农家乐，手工艺品加工（藤编等）升级（跟美院等合作，提升产品艺术附加值等，创立村级品牌产品，一村一品都可以，重点打造），农产品深加工（蜂蜜、五味子等，），特色农产品加工（如白山药加工、养殖等，一村一品）。如：

黑块菌（黑松露菌）仿野生基地建设；

以公司 + 基地 + 农户模式在林下种植块菌；

独龙鸡养殖基地；

白山药加工建设：开发生产山药露、山药粉等产品；

特色蔬菜加工：加工竹叶菜、楤木等野生蔬菜；

草果良种繁育基地。

村落景观改造意向

徒步营地意向

房车营地意向

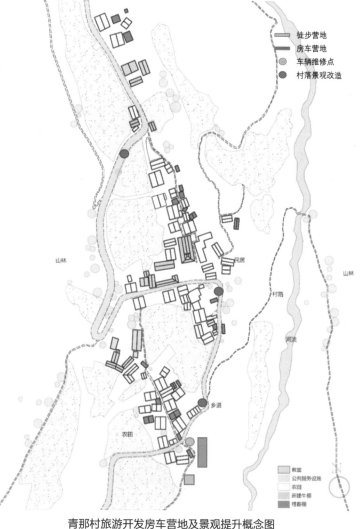

青那村旅游开发房车营地及景观提升概念图

5.1.3 可持续运维系统

1. 运维系统的"可持续"

运维系统的"可持续"体现在以下几个方面。

①硬件环境在改造提升后，能让村民觉得好用，由被动转变为主动改良生活环境或者部分生活方式（尤其卫生条件方面），实现环境改变人的行为的规划设计目的。

②软件环境在改造提升后（如，文化交流空间），能让村民觉得有吸引力，潜移默化的增加精神生活的多元性，并觉得民族文化被尊重，通过产业经济引导，发掘民族文化的附加值，引导品牌 IP 的培育和形成，为县域内旅游等产业发展提供可持续的基因，引导区域形成自己的造血功能。

③配合规划设计的"系统"，为有机更新建立多方参与的组织机构模式样板，对每个系统或者独立项目，都能做到专业化程度较高的全过程管理和跟踪，最终把项目交付到村到户，减少冗余和浪费。从管理角度实现可持续。

④分"系统"进行更新，有利于在后期，跟不同的社会资源进行对接，从前期的公益帮扶，一定会过渡到经济效益多赢的较高发展水平。有多少钱、有什么样的资源条件，先办多少事，但因为系统清晰，所有更新就都能在统一的规划指导下，科学地进行，避免没有整体性或者短视的问题，这也是可持续的一种体现。

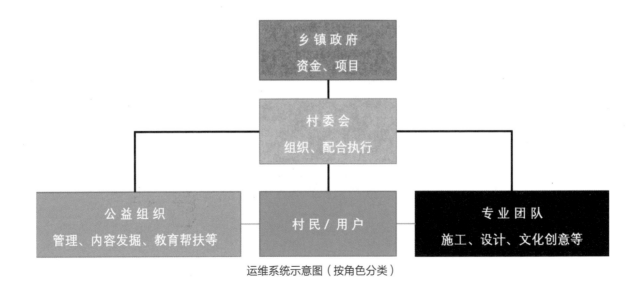

运维系统示意图（按角色分类）

2. 模块项目提取建议表

序	项目名称	项目达成目标	设计工作内容及成果	财政对接单位
1	户内卫生间模块项目	改善户内生活污水（包括洗衣机、淋浴、卫生间等）无组织排放现状，提高环境卫生及排放标准，生态达标	户内卫生间模块导则：卫生间及洗衣机的定位方案、装配式的可行性分析	发改委、农委、公益组织（厂家）等
2	房前屋后庭院环境整治项目	改善庭院环境，尤其是雨水排放	房前屋后地表水有组织排放示意图则、庭院景观环境设计导则	园林局
3	村委会广场模块项目	配合公共交流空间提升目标，以村委会为基点，打造除教堂广场以外的节点空间，辅助村庄管理	明确村委会广场的基本配置和功能要求，按村庄规模，提供面积、景观、文化特征等设计导则	发改委、园林局、公益组织等
4	火塘排烟模块项目	改善传统室内空气质量，在保留传统生活方式基础上，通过设备植入，达到提升环境质量目标	有组织排烟的设备设施方案	发改委、农委、公益组织（厂家）等
5	村庄手工艺工坊模块项目	引导发掘村庄文化遗产，提取文化 IP 项目，辅助建立村庄工坊，带动文化衍生品产业发展	提供打造村庄工坊全过程方案及指导，为实现一村一品建立从发掘、组织、建设、使用、运维的导则	发改委、农委、文教委、公益组织（大学）等
6	村民宿模块项目	判别村庄旅游接待需求及发展，系统科学地指导村庄合理发展旅游	制定村庄旅游发展规划导则，定制民宿设计	发改委、旅游委
7	村庄快乐童年模块项目	按村庄规模及文教现状，提供不同规模及体验内容的儿童课外活动场（所）地，通过寓教于乐影响下一代的生活方式	提供模块导则，提供学龄前、小学阶段的儿童活动内容、场所、场地设计	发改委、文教委、公益组织等

5.2 改造类农房建设指引

5.2.1 现状问题总揽

| 功能空间 | ① 功能混杂，空间品质有待提升；② 卧房空间局促、舒适度差；③ 人畜混居，卫生条件较差；④ 缺乏独立盥洗洗浴空间 |

| 结构安全 | ① 木材资源耗费大，利用效率相对较低；② 木构造节点随意性导致安全隐患；③ 基于重型木结构的屋顶是地震中的薄弱环节 |

| 热工性能 | ① 围护结构保温性能差；② 开放式门窗洞口与构造节点导致空气渗透 |

| 自然采光 | ① 门窗洞口过小，自然采光不足；② 室内墙面顶棚反光率过低 |

| 室内通风 | 木板与木板之间、木板与门窗之间的缝隙虽然有利于夏季降温和火塘排烟，但与冬季采暖和保温产生矛盾 |

| 防火隔声 | 围护结构气密性、隔声、防火作用有限，容易带来潜在的安全隐患和风貌破坏 |

| 家具设施 | ① 衣物、被褥、鞋袜等乱挂乱放；② 现状存放食材的容器、厨具餐具、柴火等杂乱堆放；③ 现状小型农具、工具等杂物也没有储藏收纳空间 |

现状照片 1

现状照片 2

5.2.2　策略定位

针对贡山县传统农房现状问题与困境，本次改造提出相应策略定位，即从传统建构体系出发，凝练传统营建智慧，采用本地易得的材料资源，针对目前农房建设中存在的问题，从空间功能、结构体系、材料构造三个层面对传统民居的居住环境质量与舒适度进行系统性的改良与提升，探索符合当地发展现状和村民实际需求的适宜性技术和农房建造体系。同时，需注意农房周边的地质安全隐患问题，在改造提升过程中充分保障房屋整体结构的安全稳固，并提高房屋防火性能。

本次主要针对传统风貌保护区的传统民居改造，其改造措施也同样适应于新建民居。

贡山县传统农房现状照片

223

5.2.3　空间利用与优化布局

1. 房屋类型

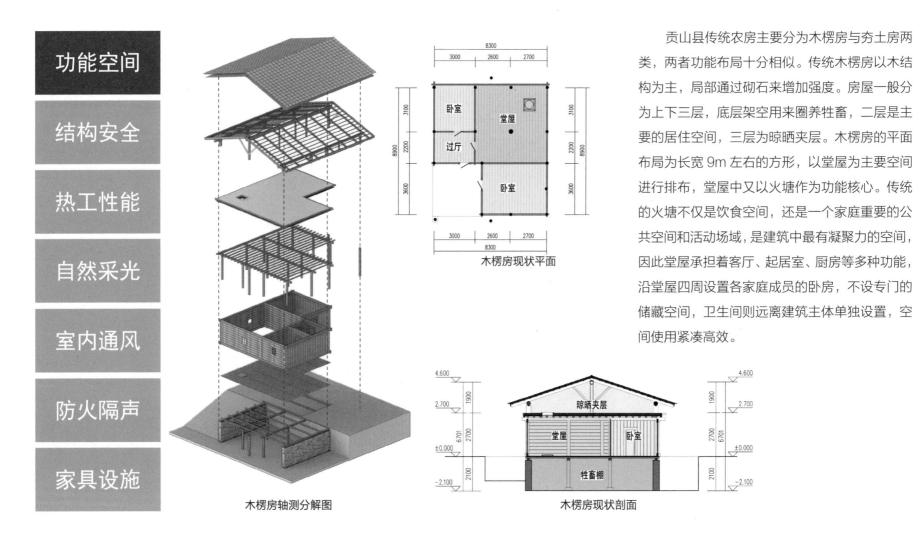

功能空间

结构安全

热工性能

自然采光

室内通风

防火隔声

家具设施

木楞房轴测分解图

木楞房现状平面

木楞房现状剖面

　　贡山县传统农房主要分为木楞房与夯土房两类，两者功能布局十分相似。传统木楞房以木结构为主，局部通过砌石来增加强度。房屋一般分为上下三层，底层架空用来圈养牲畜，二层是主要的居住空间，三层为晾晒夹层。木楞房的平面布局为长宽 9m 左右的方形，以堂屋为主要空间进行排布，堂屋中又以火塘作为功能核心。传统的火塘不仅是饮食空间，还是一个家庭重要的公共空间和活动场域，是建筑中最有凝聚力的空间，因此堂屋承担着客厅、起居室、厨房等多种功能，沿堂屋四周设置各家庭成员的卧房，不设专门的储藏空间，卫生间则远离建筑主体单独设置，空间使用紧凑高效。

功能空间

结构安全

热工性能

自然采光

室内通风

防火隔声

家具设施

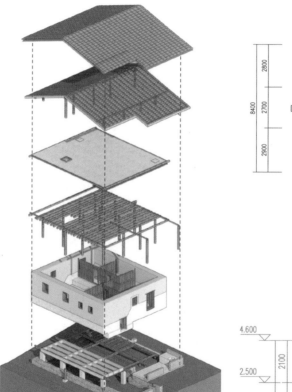

夯土房轴测分解图

传统夯土房以土木作为基本材料，基础部分通过砌石加固，主要结构材料仍为木材，但围护墙体使用夯土泥墙。部分夯土房在当地住房改造过程中添加了混凝土基础进行强度的加固。平面布局方面，夯土房与木楞房整体相似，居住层延续当地以堂屋作为核心空间的布局思路，卧房与储藏间等环绕堂屋分布。

夯土房现状平面

夯土房现状剖面

2. 现状问题

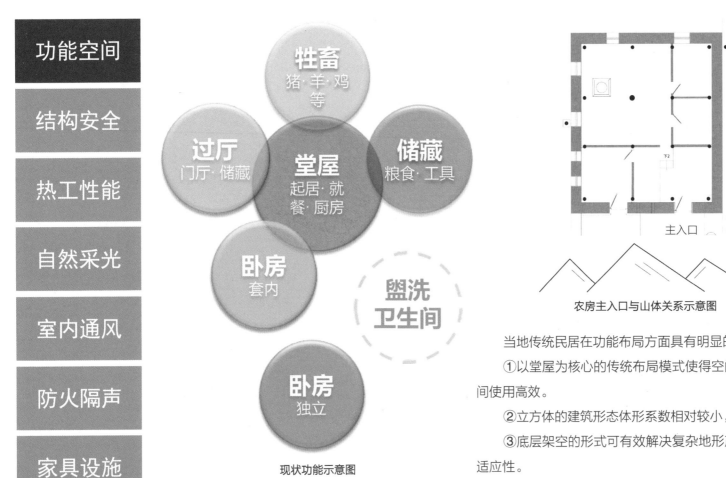

功能空间

结构安全

热工性能

自然采光

室内通风

防火隔声

家具设施

牲畜
猪·羊·鸡
等

过厅
门厅·储藏

堂屋
起居·就
餐·厨房

储藏
粮食·工具

卧房
套内

**盥洗
卫生间**

卧房
独立

现状功能示意图

"开门靠山，吃穿不愁"
——正门面向山峰

主入口

农房主入口与山体关系示意图

当地传统民居在功能布局方面具有明显的优点：

①以堂屋为核心的传统布局模式使得空间布局非常紧凑，多种功能空间使用高效。

②立方体的建筑形态体形系数相对较小，有利于保温节能。

③底层架空的形式可有效解决复杂地形产生的高差，具有良好的地形适应性。

④竖向三段式结构使房屋具有较好的抗震性能，也有利于通风除湿。

功能空间

结构安全

热工性能

自然采光

室内通风

防火隔声

家具设施

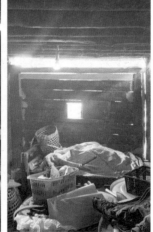

功能空间现状照片 1

传统农房的功能空间利用现状也存在一些问题，如：

①居住层的空间划分并没有清晰的功能定位，堂屋既是客厅、起居室，又是厨房，人口较多的民户中还被当作卧室使用，也没有专门的储藏空间，大小物品收纳摆放不合理，造成房屋功能混杂，极大降低了空间品质。

②房屋的体形系数较小，空间较为局促，卧室中缺少收纳空间，易杂乱，窗口较小使得房屋采光通风较差，空间舒适性整体较差。

功能空间

结构安全

热工性能

自然采光

室内通风

防火隔声

家具设施

③居住层缺乏单独的盥洗空间，卫生间也多独立于建筑之外，由多户共同使用，在日常生活中存在较多不便。

④底层架空层多用来饲养牲畜，人畜混居，卫生条件较差，即使在三层，底层畜圈的气味仍然很大，且由于木板隔声效果并不好，牲畜层也易干扰民户的正常休息。

功能空间现状照片2

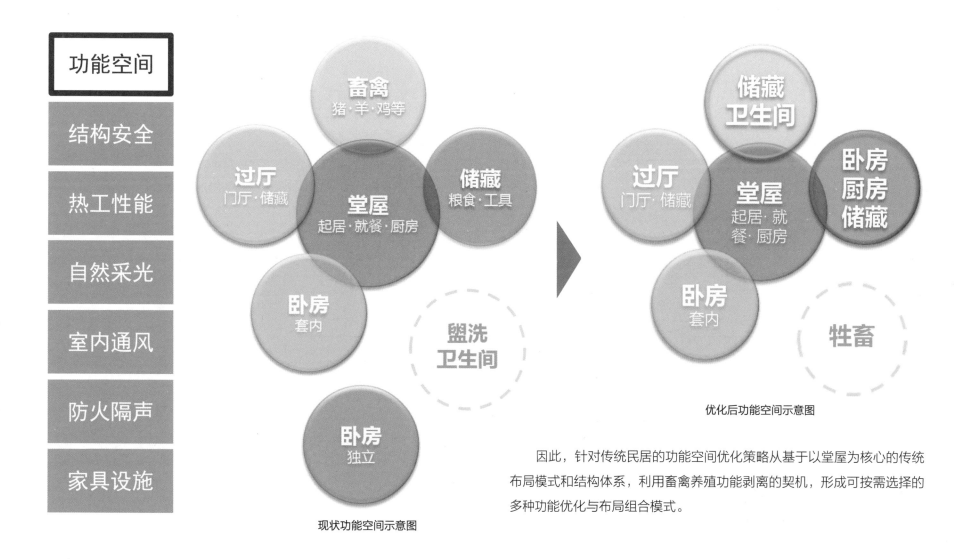

功能空间

结构安全

热工性能

自然采光

室内通风

防火隔声

家具设施

畜禽
猪·羊·鸡等

过厅
门厅·储藏

堂屋
起居·就餐·厨房

储藏
粮食·工具

卧房
套内

盥洗
卫生间

卧房
独立

现状功能空间示意图

储藏
卫生间

过厅
门厅·储藏

堂屋
起居·就餐·厨房

卧房
厨房
储藏

卧房
套内

牲畜

优化后功能空间示意图

因此，针对传统民居的功能空间优化策略从基于以堂屋为核心的传统布局模式和结构体系，利用畜禽养殖功能剥离的契机，形成可按需选择的多种功能优化与布局组合模式。

3. 优化措施

功能空间

结构安全

热工性能

自然采光

室内通风

防火隔声

家具设施

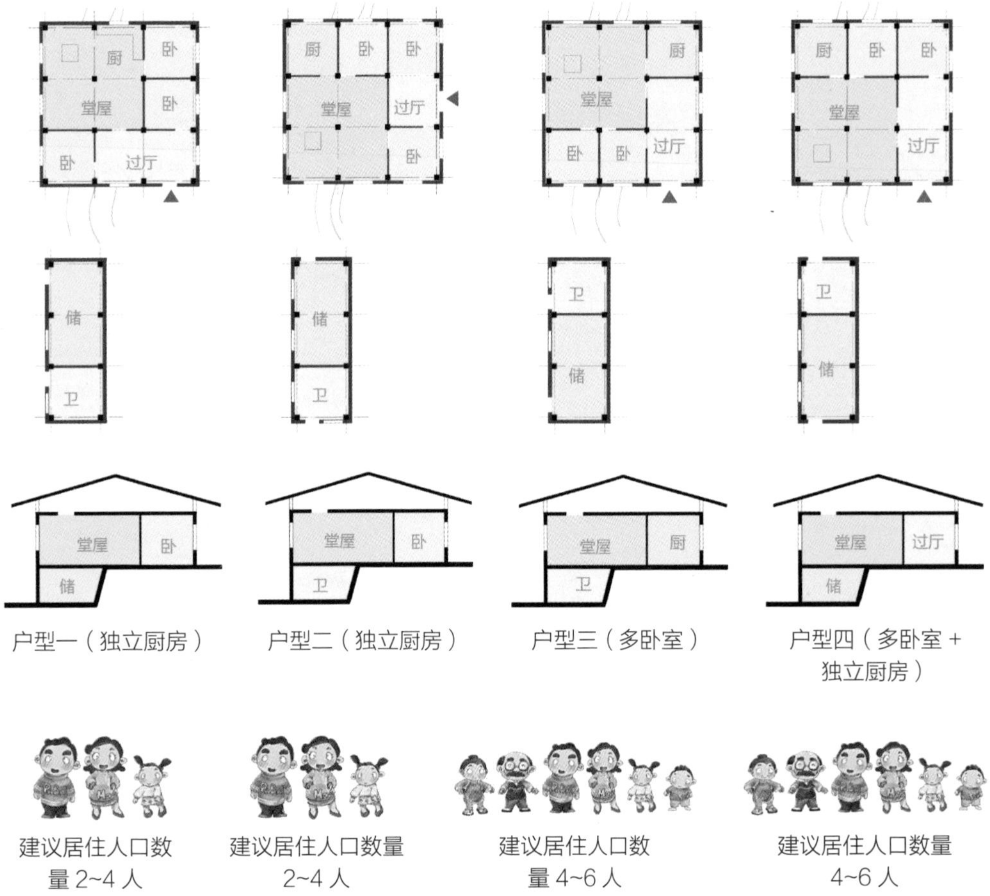

户型一（独立厨房）　　户型二（独立厨房）　　户型三（多卧室）　　户型四（多卧室 + 独立厨房）

建议居住人口数量 2~4 人　　建议居住人口数量 2~4 人　　建议居住人口数量 4~6 人　　建议居住人口数量 4~6 人

坡地平面功能优化

根据不同的地形特征也应设置不同的功能优化措施，如若农房建在坡地上，应顺依坡地条件，充分利用底层形成的架空空间，将卫生间、盥洗空间与生产储藏空间布置在底层；中部居住层延续以堂屋为核心的布局传统，围绕堂屋组织过厅、卧室、厨房与生活储藏空间，堂屋应保留火塘，但厨房与就餐的功能与火塘分离，更加细致划分各功能空间的职能；上部的夹层空间仍做为晾晒空间使用。

如图所示户型一、户型二围绕堂屋设置了厨房，并配有 2 间卧室，适合 2~4 人的小家庭居住；户型三将厨房设置于堂屋一角，但与火塘功能分离，可配置 3 间卧室，适合 4~6 人的家庭居住；户型四则通过减小过厅的面积，设置独立厨房，并配有 3 间卧室，适合 4~6 人的家庭居住。

功能空间
结构安全
热工性能
自然采光
室内通风
防火隔声
家具设施

如若农房建在平缓地形上，由于缺少了底部架空空间，功能空间相对局促，可以采取网格状的布局方式，通过 3m×3m 的模数相互组合来调整功能空间，亦可顺应网格拓展功能的面积与数量，获得农房形式的多种变体。

在不改变原房屋尺寸的情况下，户型一、户型二将厨房功能设置于堂屋内，室内空间围绕堂屋设置过厅、卧室与储藏间，并可根据需要灵活变动卧室与储藏间的面积以及过厅的室内外空间属性，卫生间则可单独设置于室外，由几户共用，适合 2~4 人的家庭使用；对于人口数量较多的家庭也可通过户型三、户型四的方式顺应模数扩建一跨（3m），增大室内空间的使用面积，并根据需要设置室内卫生间，适合 4~6 人的家庭居住。

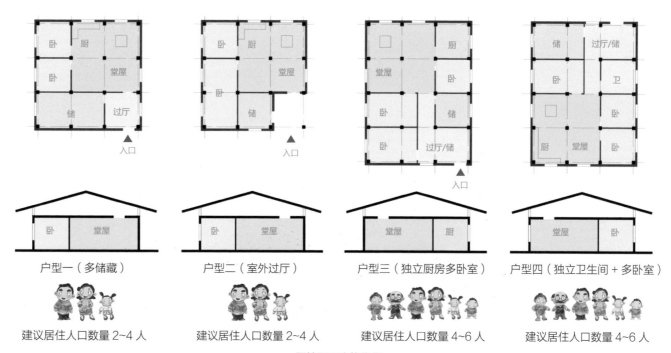

平地平面功能优化

5.2.4 结构体系优化与安全性能提升

1. 结构体系现状

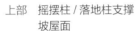
功能空间

结构安全

热工性能

自然采光

室内通风

防火隔声

家具设施

上部　摇摆柱 / 落地柱支撑
　　　坡屋面

- - - - - - - - - - - - - - -

中部　木框架 + 井干式

底部　架空层 / 砌石

木楞房结构体系现状

1）木楞房

木楞房的结构体系特点可以概括为三段式竖向分层混合结构体系，其底部为架空层，用砌石作为基础；中部是木框架结构，外包井干式木楞；上部用摇摆柱或落地柱支撑坡屋顶，形成坡屋顶夹层空间。

木楞房现状照片

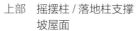

功能空间

结构安全

热工性能

自然采光

室内通风

防火隔声

家具设施

上部　摇摆柱 / 落地柱支撑
　　　坡屋面

- - - - - - - - - - - - - - - - - -

中部　木框架 + 夯土墙

底部　架空层 / 砌石墙基

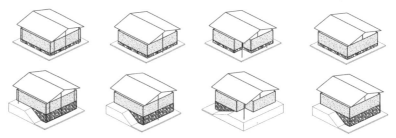

夯土房结构体系现状

2）夯土房

夯土房的结构体系与木楞房类似，同样是三段式竖向分层混合结构体系，只是在基础与围护墙体部分略有差异，基础部分的架空层采用砌石墙基；中部采用夯土墙作为围合结构。

夯土房现状照片

功能空间

结构安全

热工性能

自然采光

室内通风

防火隔声

家具设施

当地传统农房建筑中结构体系的优点在于：

①三段式协同的结构体系具有突出的地形适应能力与相对较好的抗震性能；

②由木构架支承的开放式结构体系有利于建筑的更新、维护与扩展，也为围护结构的多样性与就地取材的便利性提供了条件。

同时，这样的结构体系缺点也较为明显：

①横梁、立柱等结构构件均使用木材，对木材资源的耗费过大，利用效率却很低；

②当地民房对木构架构造节点处理较为随意，木柱与木梁交接处经常采用简单搭接的方式，存在一定的安全隐患，且当地工匠的技能水平不同，导致实际的建筑差异非常大；

③基于重型木结构的屋顶层与下部结构连接性较弱，是地震中的薄弱环节。

结构节点现状照片

2. 底部结构优化

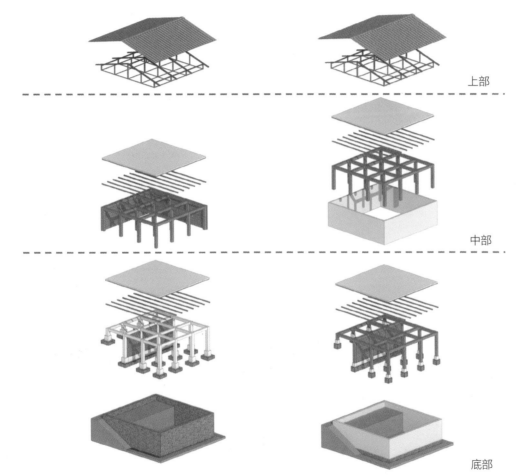

| 功能空间 |
| 结构安全 |
| 热工性能 |
| 自然采光 |
| 室内通风 |
| 防火隔声 |
| 家具设施 |

上部

中部

底部

三段式结构体系分解图

因此，针对结构体系可将三段式结构作为基础进行优化提升，形成因地、因需、因价选材的开放式结构体系。

1）基础的勘固

功能空间

结构安全

热工性能

自然采光

室内通风

防火隔声

家具设施

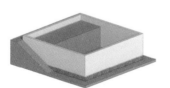

底层结构体系

1：3 水泥砂浆砌筑毛石

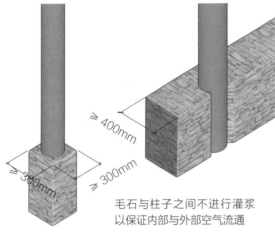

≥ 400mm

≥ 300mm

≥ 300mm

毛石与柱子之间不进行灌浆
以保证内部与外部空气流通

基础勘固做法示意图

底层结构现状照片

首先是针对农房底层的优化措施，第一种方式主要面向传统风貌核心保护区的农房类型，在传统基础上进行改良和勘固：

当底层高度低于 1.5m 的时候，仍可使用木柱贯穿底层与中间层，加强竖向结构的连接与可靠性；

底层高度高于 1.5m 时，外围木柱基础可加固成浆砌石柱和木柱混合承重或浆砌石墙和木柱混合承重的基础结构；还可直接将木柱替换成配筋石柱或混凝土柱，有利于节约木材资源并且加强基础的稳定性与耐久性。

功能空间

结构安全

热工性能

自然采光

室内通风

防火隔声

家具设施

针对底部楼板，可以将传统楼面木栅板做为底层，在木栅板上用间距均等的铁钉或冷拔钢丝弯折固定一层钢筋网片，并在钢筋网上现浇一层细石混凝土做为楼地面，起到进一步的勘固作用，同时木栅板与现浇混凝土地面连接成一个整体，也可以大大增加楼面的强度、气密性与隔声性能，改善地面的清洁状况。木栅板既可以持续使用又兼具混凝土浇筑模版的作用，可以节约材料节省成本。

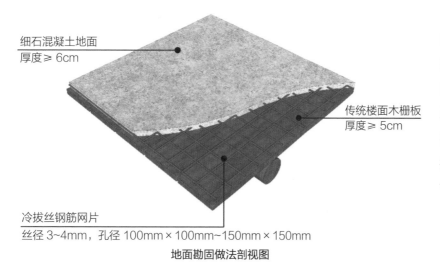

细石混凝土地面
厚度 ≥ 6cm

传统楼面木栅板
厚度 ≥ 5cm

冷拔丝钢筋网片
丝径 3~4mm，孔径 100mm × 100mm~150mm × 150mm

地面勘固做法剖视图

相邻铁钉间距 ≤ 500mm

≥ 60mm

≥ 50mm

细石混凝土地面
冷拔丝钢筋网片
铁钉或冷拔钢丝弯折将钢筋网钉牢于木板
传统楼面木栅板

地面勘固做法剖面图

地面勘固示意照片

237

2）高台架空梁板基础

功能空间

结构安全

热工性能

自然采光

室内通风

防火隔声

家具设施

底层优化的第二种方式是针对新建民居，用高台架空梁板基础替代当地现状采用的混凝土基础＋木望板的方式，形成安全可靠的底部架空平台，再任意选择不同形式的底部材料根据功能进行自由围合。高台架空梁板基础即在毛石基础之上通过梁柱楼板一体化的浇筑方式形成完整的底层结构，并通过混凝土配筋增加结构的强度。这种做法的优点在于：

①相对于传统木梁和木望板的做法，高台架空梁板基础可以有效减少木材的使用数量，以节省资源。

②施工方式更加简洁高效，可以减轻工匠的负担，也有利于当地居民的学习和推广。

③这种方式形成的底部架空平台更加安全可靠，耐久性和强度都极大提高，可以支撑多种形式的中层结构。

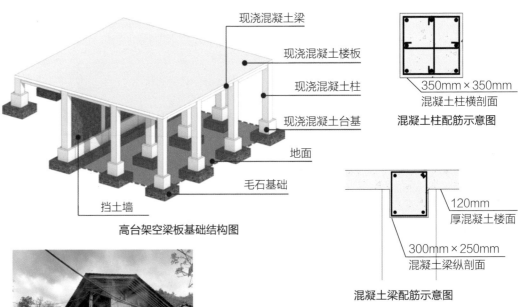

现浇混凝土梁
现浇混凝土楼板
现浇混凝土柱
现浇混凝土台基
地面
毛石基础
挡土墙

高台架空梁板基础结构图

350mm × 350mm
混凝土柱横剖面

混凝土柱配筋示意图

120mm
厚混凝土楼面

300mm × 250mm
混凝土梁纵剖面

混凝土梁配筋示意图

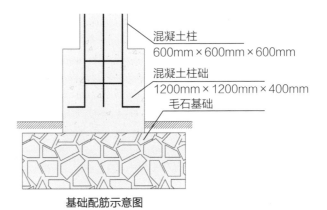

混凝土柱
600mm × 600mm × 600mm

混凝土柱础
1200mm × 1200mm × 400mm

毛石基础

基础配筋示意图

解决了底层的结构问题后，中部即使依然采用木框架，其木柱与木梁的截面大小与长度都能够得到有效减小。

针对中部结构的勘固优化主要包括以下几个部分，首先是框架体系中墙体之间以及墙柱之间节点的加固：

①木楞墙体的上端整体性较好，但墙体与下方石砌勒脚之间往往是简单搭接的关系，连接性与密闭性较差，可用扁铁紧紧箍住底部的原木固定于勒脚上，加强墙体的整体性，提高墙体的强度与抗震能力。

②墙体与相邻木柱之间也不应简单贴靠在一起，可以用金属垫片与自攻螺丝结合的方式将木板墙与木柱连接加固，加强木结构框架的整体性与稳定性，增强抵御水平方向作用力的能力。

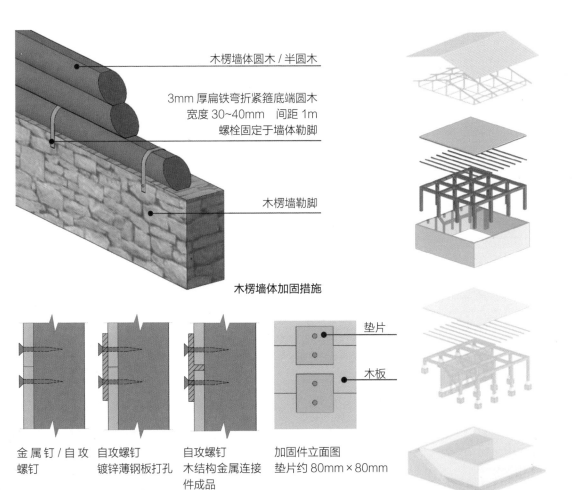

木楞墙体圆木 / 半圆木

3mm 厚扁铁弯折紧箍底端圆木
宽度 30~40mm　间距 1m
螺栓固定于墙体勒脚

木楞墙勒脚

木楞墙体加固措施

金属钉 / 自攻
螺钉

自攻螺钉
镀锌薄钢板打孔

自攻螺钉
木结构金属连接
件成品

加固件立面图
垫片约 80mm×80mm

垫片

木板

木板墙与相邻柱加固措施

中部结构体系

3. 框架结构的勘固优化

功能空间

结构安全

热工性能

自然采光

室内通风

防火隔声

家具设施

其次是针对外围护结构的优化措施，外围护结构可以根据需要自由选择夯土、木楞、土坯砌块等，但在传统风貌保护区范围内的建筑建议仍旧沿用木楞墙体围合，保持整体风貌的和谐统一。

选择夯土围合时，则墙体夯筑至楼面木栅板的位置时应停止，夯土墙中混凝土圈梁与细石混凝土楼板一并浇筑，使之成为一个整体，之后可在圈梁上继续夯筑墙体；若选择木楞墙体，则墙体围合至顶部楼面，墙体保持完整性，在与梁板交接处可用草泥等粘结剂增加连接性。

中部结构的屋面做法可参考底部楼面做法，以木望板为底，在板上铺设灰土面层或现浇细石混凝土面层，增加密封性与屋面强度。

中部结构保留中心柱的传统做法，可与顶部结构体系相结合，加强中柱的结构作用。

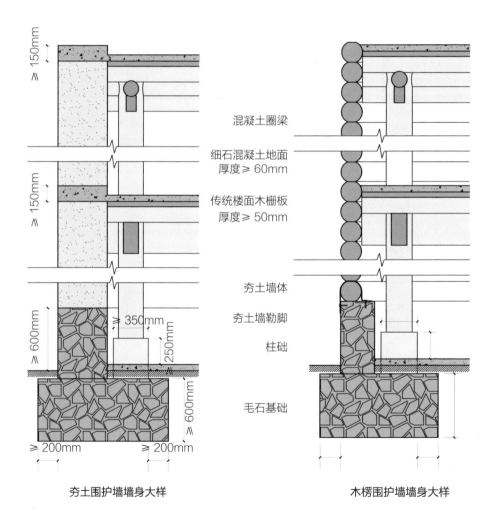

混凝土圈梁

细石混凝土地面
厚度≥60mm

传统楼面木栅板
厚度≥50mm

夯土墙体

夯土墙勒脚

柱础

毛石基础

夯土围护墙墙身大样　　　　木楞围护墙墙身大样

4. 屋面结构的勘固与轻质化

1）屋架结构

针对上部屋面结构也需要进行勘固与轻质化处理，首先针对屋架系统，第一种方式是在原有屋架基础上进行简单高效的加固措施：现有屋架梁柱交接处理略显粗糙，水平方向的连接性较弱，不能有效应对来自水平向的作用力。可以在屋面横梁与立柱之间的四个不同方向上分别增加木色或深色的角钢斜撑，可有效加固横梁与立柱的整体性和连接性，有效应对水平荷载。这些做法简单，民户个人便可独立完成，同时也能不对传统屋面结构的风貌特色造成破坏。

功能空间

结构安全

热工性能

自然采光

室内通风

防火隔声

家具设施

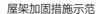
屋架加固措施示范

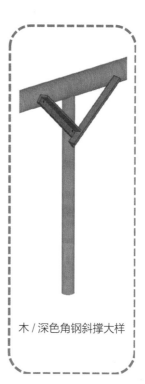
木／深色角钢斜撑大样

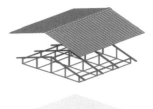

上部结构体系

功能空间

结构安全

热工性能

自然采光

室内通风

防火隔声

家具设施

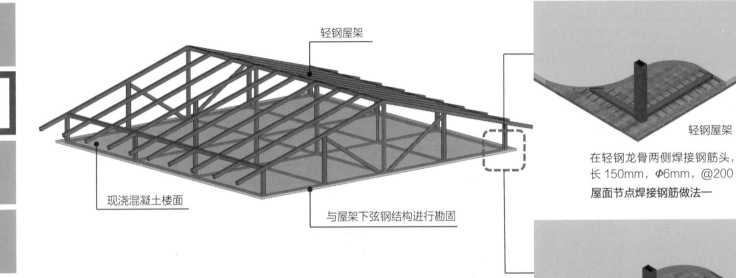

轻钢屋架

现浇混凝土楼面

与屋架下弦钢结构进行勘固

轻钢屋架

轻钢屋架

在轻钢龙骨两侧焊接钢筋头，长 150mm，Φ6mm，@200
屋面节点焊接钢筋做法一

轻钢屋架

在轻钢龙骨顶部焊接钢筋头，两侧伸出轻钢龙骨 150mm 长，Φ6mm，@200
屋面节点焊接钢筋做法二

　　第二种方式则是对屋架结构进行技术与材料的整体性革新。为增强民房结构的稳定性与抗震性能，上部结构应尽可能采用轻型结构以减小顶部荷载，因此选择轻钢结构框架。相对于木结构屋架，轻钢结构强度与耐久度更高，重量更小，能够很轻地勘固在现浇混凝土楼面上。勘固方式采用焊接钢筋做法，在屋架下弦轻钢龙骨的两侧或顶部焊接钢筋头，上浇细石混凝土，可以增强混凝土屋面的强度与屋架系统的整体性。

2）屋面结构

　　针对屋面结构同样有两种做法，第一种是在轻钢结构体系的屋架上弦铺设木望板与防水油毡，油毡上方铺设深灰色瓦屋面，瓦面需用瓦钉穿过防水油毡与屋面连接，注意加强瓦钉洞穿处油毡的防水处理。屋面四周用封檐板封合形成完整的屋面系统。

功能空间

结构安全

热工性能

自然采光

室内通风

防火隔声

家具设施

深灰色瓦屋面（石板瓦、沥青瓦、树脂瓦）

防水油毡 石板瓦钉钉子穿过油毡处需加强防水处理

木望板（竹胶板、胶合板、实木板）15~20mm 厚

冷弯薄壁 C 型钢（100mm×40mm×20mm×2.5mm @600mm）

钢梁（冷弯薄壁方钢）100mm×100mm @5000mm

屋架上弦（冷弯薄壁方钢）100mm×100mm @3300mm

屋架下弦（冷弯薄壁方钢）50mm×100mm 长边平行于楼面 @3300mm

封檐板

钢柱（冷弯薄壁方钢）100mm×100mm @3300mm（平行屋脊方向）@2500mm（垂直屋脊方向）

斜撑（冷弯薄壁方钢）50mm×100mm

屋面做法—剖轴测

功能空间

结构安全

热工性能

自然采光

室内通风

防火隔声

家具设施

第二种做法是在轻钢结构体系上铺设木椽条和当地现有更新做法中适用的彩钢板（彩钢板由于自身的防水特性，在起到围护作用的同时兼具防水作用），彩钢板上部铺设一层细密的挂瓦条，再在挂瓦条上用深灰色的瓦屋面封顶，同时用粘结剂处理好屋面各部分交接处的连接性。屋面四周同样用封檐板封合形成完整的屋面结构。

深灰色瓦屋面（石板瓦、沥青瓦、树脂瓦）

挂瓦条（25mm×25mm）

彩钢板（地方防水经验）

木椽条（40mm×70mm @200~300mm）

钢檩（冷弯薄壁方钢）100mm×100mm @1100mm

钢梁（冷弯薄壁方钢）100mm×100mm @5000mm

屋架上弦（冷弯薄壁方钢）100mm×100mm @3300mm

屋架下弦（冷弯薄壁方钢）50mm×100mm 长边平行于楼面 @3300mm

斜撑（冷弯薄壁方钢）50mm×100mm

钢柱（冷弯薄壁方钢）100mm×100mm @3300mm（平行屋脊方向）@2500mm（垂直屋脊方向）

封檐板

屋面做法二剖轴测

5.2.5　热舒适度提升

1. 现状问题

功能空间

结构安全

热工性能

自然采光

室内通风

防火隔声

家具设施

贡山民居在室内舒适度上面临通风除湿、自然采光、冬季保温、防火隔声四大挑战与制约。

热工性能方面，即使在室内使用火塘，因为存在围护结构保温性能差、开放式门窗洞口与构造节点导致空气渗透等问题，导致室内热量流失快，火塘使用效率低。另外，夯土房围护结构热工性能虽然优于木楞房，但仍存在门窗洞口气密性差的问题。

围护结构保温性能较差

开放式门窗洞口与构造节点空气渗透

门窗洞口气密性差

门窗洞口气密性差

热工性能问题现状照片

功能空间

结构安全

热工性能

自然采光

室内通风

防火隔声

家具设施

自然采光问题现状照片

自然采光上，一受材料、构造与冬季保温的制约，要避免室外冷空气大面积进入室内（尤其要抵御冬季寒风的侵袭），传统民居外围护木结构开窗面积过小是导致房屋昏暗的主要原因；二受火塘影响，木围护材料自身的光线反射率不高，加之没有排烟设施，导致室内围护木材内表面被熏黑，室内墙面顶棚反光率过低，房屋昏暗。

功能空间

结构安全

热工性能

自然采光

室内通风

防火隔声

家具设施

在室内通风方面，因为围护材料密闭性不足，以及开放式的门窗洞口，间隙较大的构造节点，导致房屋内外空气渗透，虽然在一定程度上促进了室内空气流通，有利于夏季降温和火塘排烟，却对冬季的采暖和保温造成非常大的不利影响。

室内通风问题现状照片

功能空间

结构安全

热工性能

自然采光

室内通风

防火隔声

家具设施

此外，本地为了提高房屋保温隔热效果也采取了一些措施，比如用防水布、纸板、复合墙板阻挡墙体透风，但此类材料对增强围护结构气密性作用有限，反而容易带来潜在的安全隐患和风貌破坏。

保温隔热措施现状照片

2. 火塘排烟方式改进

功能空间

结构安全

热工性能

自然采光

室内通风

防火隔声

家具设施

综合贡山传统民居的特点来看，通风除湿、自然采光、冬季保温、防火隔热等问题相互制约和影响，解决其中一个问题，可能会带来另外一个问题。

但在理清了所有复杂的因素后发现，其根源问题在于火塘排烟的方式，由于热空气质量比冷空气轻，堂屋内开敞的烟道是火炉热量迅速散失的主要原因，也是影响室内空气质量的重要因素。一旦解决了火塘排烟，许多问题就迎刃而解了。

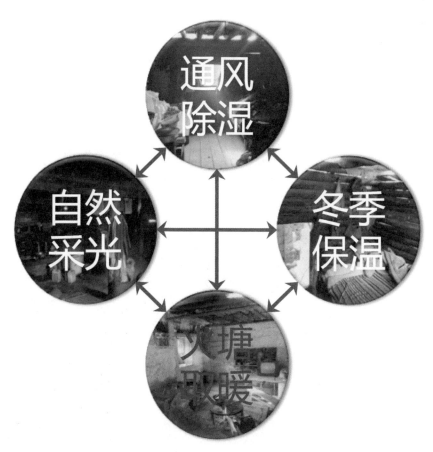

火塘热舒适度关系示意图

1）生物质半气化炉

功能空间

结构安全

热工性能

自然采光

室内通风

防火隔声

家具设施

生物质半气化炉

第一种方式，可以采用生物质半气化炉（藏式节能柴火／煤火炉灶），其优点在于：

功能多用：可用于取暖、煮饭烧菜、烘干衣物、充当餐桌；

高效节能：柴火使用量比火塘更少，燃料来源广泛，树枝、锯末、花生壳、牛羊粪都能作为燃料，且容易生火；

安全可靠：无污染，燃烧更充分，且无烟无尘。

但根据调研情况发现，仅有一户采用生物质半气化炉，且反映其取暖效应没有开放式的火塘高，尚未被贡山地区村民接受。

2）主动式有组织排烟系统

第二种方式是将现在无组织的排烟转变成有组织的排烟系统。

参考日本和式住宅，在使用火塘的情况下，仍然能够保持室内的干净和清洁的空气质量，原因就在于有组织的排烟系统，火塘产生的烟会被引导着往上飘，不会在屋内堆积。因此，只要进行有效的排烟，火塘对室内的影响就随之解决了。

有组织的排烟系统通常分为两类，一种是主动式排风系统，在火塘上方的原有通风洞处安装装有排风扇的活动挡板，当使用火塘生火时，将挡板关闭，开启排风扇，就能实现有组织地排风。

功能空间

结构安全

热工性能

自然采光

室内通风

防火隔声

家具设施

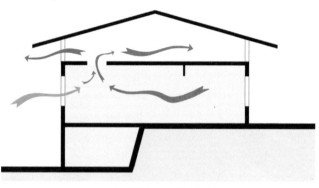

可控的主动式排风系统

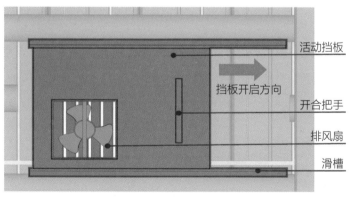

通风洞口室内顶视图（闭合状态）

活动挡板

挡板开启方向

开合把手

排风扇

滑槽

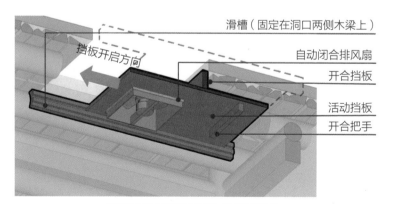

滑槽（固定在洞口两侧木梁上）

挡板开启方向

自动闭合排风扇

开合挡板

活动挡板

开合把手

通风口室内剖面顶视图（开启状态）

251

功能空间

结构安全

热工性能

自然采光

室内通风

防火隔声

家具设施

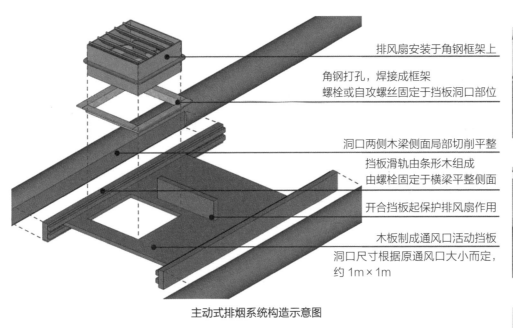

排风扇安装于角钢框架上

角钢打孔，焊接成框架
螺栓或自攻螺丝固定于挡板洞口部位

洞口两侧木梁侧面局部切削平整

挡板滑轨由条形木组成
由螺栓固定于横梁平整侧面

开合挡板起保护排风扇作用

木板制成通风口活动挡板
洞口尺寸根据原通风口大小而定，
约 1m×1m

主动式排烟系统构造示意图

主动式排风系统制作方式简易，所需材料均为市场常见材料，包括排风扇、角钢、木条、木板、螺栓、自攻螺丝。排风扇、活动挡板等构件尺寸可根据现场具体条件进行调整，应用灵活。

角钢　　　　木条

木板　　　　排风扇

螺栓　　　　自攻螺丝

有组织排烟系统制作材料

3）被动式有组织排烟系统

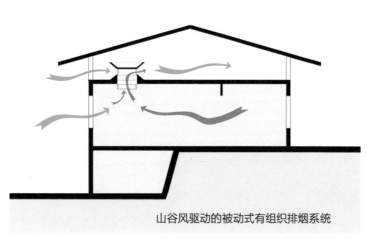

功能空间

结构安全

热工性能

自然采光

室内通风

防火隔声

家具设施

山谷风驱动的被动式有组织排烟系统

　　为了更加省电，可以采用第二种方式，即被动式有组织排烟系统。由于怒族的传统民居通常建在山坡或山谷上，山谷风自上而下或自下而上，有利于穿过民居的顶部架空层。因此，在原通风洞口装置拔风帽，利用山谷风驱动排风，实现有组织的排烟。

拔风帽剖面示意图

功能空间

结构安全

热工性能

自然采光

室内通风

防火隔声

家具设施

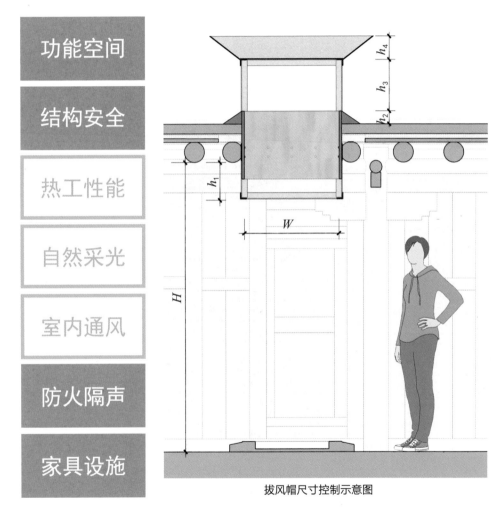

拔风帽尺寸控制示意图

如本页拔风帽尺寸控制示意图所示，H 为房间高度，h_1 为拔风帽在室内突出高度，h_2 为草泥堆高度，h_3 为进风口高度，h_4 为斗形构件高度，拔风帽各部位尺寸存在以下关系，能够有效地加强被动式排风。

$$H - h_1 \geqslant 2m$$
$$200mm \leqslant h_2 \leqslant 300mm$$
$$W/3 \leqslant h_3 \leqslant W/2$$
$$300mm \leqslant h_4 \leqslant 400mm$$

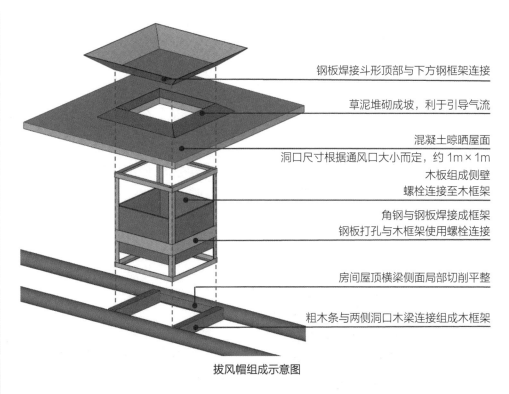

拔风帽组成示意图

钢板焊接斗形顶部与下方钢框架连接

草泥堆砌成坡，利于引导气流

混凝土晾晒屋面

洞口尺寸根据通风口大小而定，约 1m×1m

木板组成侧壁
螺栓连接至木框架

角钢与钢板焊接成框架
钢板打孔与木框架使用螺栓连接

房间屋顶横梁侧面局部切削平整

粗木条与两侧洞口木梁连接组成木框架

功能空间

结构安全

热工性能

自然采光

室内通风

防火隔声

家具设施

角钢　木条

木板　钢板

螺栓　草泥

拔风帽制作材料

被动式排风系统增加构件加强风压排风，利用屋顶排布横梁进行固定；材料也皆为当地常见建材，易于取得；拔风帽下部框架还可兼做晾熏加工食物挂架，有效利用能量。

3. 门窗洞口与气密性

功能空间

结构安全

热工性能

自然采光

室内通风

防火隔声

家具设施

在自然采光与室内通风方面可通过以下几点措施进行优化提升：第一，加设节能窗，增加采光面积。利用木楞本身构造特点为模数，来扩大门窗洞口，根据开窗处需要卸下的木板条实际宽度订制木窗套，并加设开启关闭的节能门窗。如此，不仅可以有效改善采光环境，同时最大限度地保护了传统风貌，而且节省木料，保持新旧协调。如若用预制铝合金窗，需要考虑与传统木结构风貌的协调，建议采用与木色相接近的深棕色等颜色，注意慎用浅色。

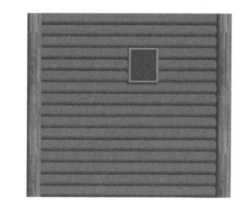 

门窗洞口扩大示意图

改造后照片

功能空间

结构安全

热工性能

自然采光

室内通风

防火隔声

家具设施

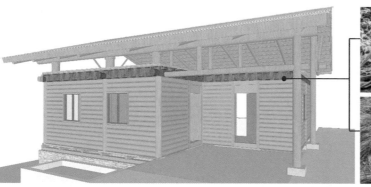

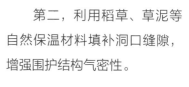

第二，利用稻草、草泥等自然保温材料填补洞口缝隙，增强围护结构气密性。

由此使得通风除湿与冬季保温的矛盾达到平衡。

填缝位置　　　　　　　填缝所需材料

围护结构现状照片

4. 围护结构

1）传统夯土技术革新应用

功能空间

结构安全

热工性能

自然采光

室内通风

防火隔声

家具设施

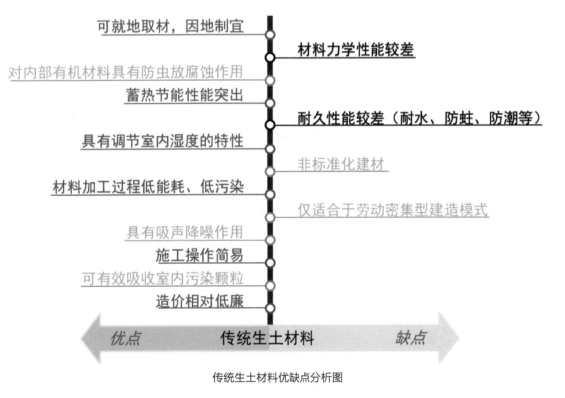

可就地取材，因地制宜

材料力学性能较差

对内部有机材料具有防虫放腐蚀作用

蓄热节能性能突出

耐久性能较差（耐水、防蛀、防潮等）

具有调节室内湿度的特性

非标准化建材

材料加工过程低能耗、低污染

仅适合于劳动密集型建造模式

具有吸声降噪作用

施工操作简易

可有效吸收室内污染颗粒

造价相对低廉

优点　　　　　传统生土材料　　　　缺点

传统生土材料优缺点分析图

在围护结构方面，传统夯土墙体具有显著的优点与缺陷。在与农村常规建材相比，生土具有突出的蓄热性能，可使房屋室内冬暖夏凉；可就地取材并有效调节室内湿度与空气质量；具有可再生性；加工过程低能耗、无污染，技术施工简易，造价低廉。

但传统生土材料在力学和耐久性能（主要表现在耐水、隔潮、防蛀、防蚀等性能远低于常规建筑材料）方面存在的固有缺陷，是制约其现代化应用的核心因素。

功能空间

结构安全

热工性能

自然采光

室内通风

防火隔声

家具设施

（1）生土材料对贡山地区适应性

①调节湿度

由于怒江地区常年湿度在 50% 以上，需要吸湿性能强的墙体，根据多年研究发现，夯土墙的吸湿性能远高于混凝土、松木与草泥墙体，具有高效的"呼吸"功能，能够有效平衡室内湿度，高度适用于怒江地区。

②生态环保

可降解可再利用，房屋拆除后生土材料可反复利用，甚至可作为肥料回归农田。

节能低碳，据测算其加工能耗和碳排放量分别为黏土砖和混凝土的 3% 和 9%。

③蓄热节能

生土材料具有突出的蓄热性能，可使房屋室内冬暖夏凉，有效平衡室内温度。

（2）生土材料性能优化

过去 40 多年来，以法国国际生土建筑中心（CRATerre-ENSAG）为代表的欧美发达国家科研机构，通过大量系统的基础研究试验，已取得了具有突破性的研究成果，有效克服了传统生土材料在力学和耐久性能等方面的固有缺陷，形成了适用于绝大多数土质类型、具有广泛应用价值的一系列生土材料性能优化理论及相关应用技术，并通过世界范围内的工程实践的验证至今已走向成熟。

（3）国际现代生土建筑实践发展趋势

其一，针对欠发达地区的民生问题，强调低造价、安全耐久、便于人力施工、可就地取材的适宜性生土建造技术。

其二，充分强化和发掘现代生土材料的环保节能特性和全新多元的材料表现效果，作为一项高性价比的生态建筑技术，与住宅、公建等多种现代建筑设计体系有机结合，全面提升建筑环境综合效能。近二十年来在欧美发达国家大量涌现的生土别墅、医院、教堂等多元化现代建筑，以及在历年国际建筑大奖中频繁出现的生土建筑获奖案例，均是这一趋势的具体表现。

功能空间

结构安全

热工性能

自然采光

室内通风

防火隔声

家具设施

（4）现代夯土技术示范与推广

　　基于研究成果，在住房和城乡建设部的支持下，北京建筑大学穆钧老师采用指导和发动完成培训的农村工匠带领当地村民的组织模式，先后在甘肃、河北、新疆、福建等 17 个省或地区完成近 200 栋示范与推广农宅、10 余项公共建筑实践项目，培养村民工匠 200 余名，扶助成立现代夯土农村合作社 4 个。

现代夯土建筑实践

功能空间

结构安全

热工性能

自然采光

室内通风

防火隔声

家具设施

（5）现代夯土施工工艺

现代夯土优化机理与我国传统夯土最大的区别在于夯筑原料的土砂石级配和基于机械夯筑的现代机具的引入，包括空压设备、气动夯锤等。通过含水率的控制和基于机械的强力夯击所带来的物理作用，使得干燥后形成的夯筑体的力学性能以及耐水、防蛀、防潮等耐久性能够得到极大的提升。

注：具体施工工艺可参考《新型夯土绿色农宅建造技术指导手册》

技术工艺流程图

空压设备　　　气动夯锤　　　其他工具　　　夯筑模板

2）木楞复合墙体改造

功能空间

结构安全

热工性能

自然采光

室内通风

防火隔声

家具设施

针对现有的木楞房，对木楞墙体进行复合改造会极大提升围护结构的热工性能。在墙体使用如石膏板等防火板材，内墙侧铺设木龙骨，在其间隙粘接填充同等厚度的岩棉或者耐火隔音棉，然后将耐火板材固定于木龙骨上，作为墙体内表面，再用白色涂料进行抹面，可有效增强墙体保温效果，并提高室内表面光线反射率。

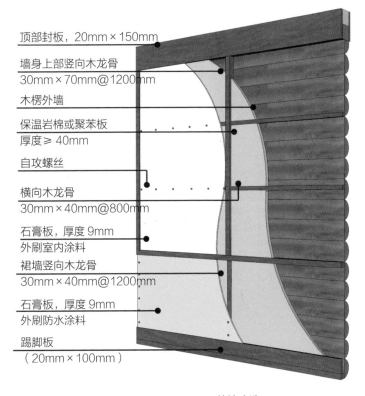

顶部封板，20mm×150mm

墙身上部竖向木龙骨
30mm×70mm@1200mm

木楞外墙

保温岩棉或聚苯板
厚度≥40mm

自攻螺丝

横向木龙骨
30mm×40mm@800mm

石膏板，厚度9mm
外刷室内涂料

裙墙竖向木龙骨
30mm×40mm@1200mm

石膏板，厚度9mm
外刷防水涂料

踢脚板
（20mm×100mm）

外墙改造

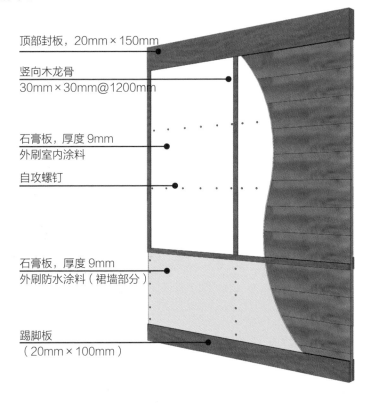

顶部封板，20mm×150mm

竖向木龙骨
30mm×30mm@1200mm

石膏板，厚度9mm
外刷室内涂料

自攻螺钉

石膏板，厚度9mm
外刷防水涂料（裙墙部分）

踢脚板
（20mm×100mm）

内墙改造

3）顶棚改造

功能空间

结构安全

热工性能

自然采光

室内通风

防火隔声

家具设施

顶棚改造的具体做法为： 在顶棚表面用
螺钉固定防火石膏板

材料：自攻螺钉、防火石膏板

适用范围：增大室内表面光线反射率

木方　　　木板　　　自攻螺钉　　　石膏板

顶棚改造所需材料

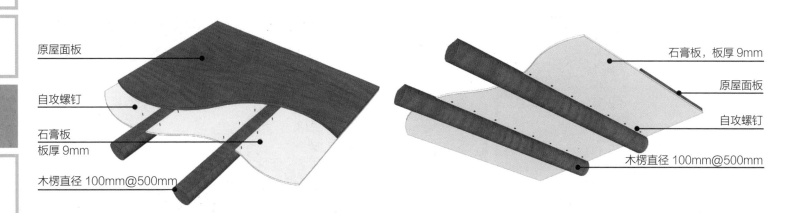

原屋面板

自攻螺钉

石膏板
板厚 9mm

木楞直径 100mm@500mm

石膏板，板厚 9mm

原屋面板

自攻螺钉

木楞直径 100mm@500mm

顶棚俯视图　　　　　　　　　　　　顶棚仰视图

5.2.6 家具与收纳设施改善

1. 现状问题

功能空间

结构安全

热工性能

自然采光

室内通风

防火隔声

家具设施

家具与收纳设施问题现状照片

在调研中还发现当地居民在家具设施与收纳方面的需求较大，储藏与收纳不便也是影响居住空间品质的较大原因，如：

①现状衣物、被褥、鞋袜等乱挂乱放。

②现状存放食材的容器、厨具餐具、柴火等杂乱堆放，缺乏相应的储藏空间。

③现状小型农具、工具等杂物也没有规整的储藏收纳空间。

2. 家具与收纳设施改善

功能空间

结构安全

热工性能

自然采光

室内通风

防火隔声

家具设施

针对以上问题，利用房屋废旧板材，基于建筑结构与构造，制作、安装简易整体衣柜、储鞋柜等，不仅能保证室内整洁，同时也可以节约空间。可以在对应的功能空间如卧室、过厅、堂屋、楼梯间等安装收纳柜。

整体衣柜：根据村民建房用隔墙板材的尺寸即当地最易取得的尺寸，利用当地传统房屋构造原理，用民居传统木隔墙和房屋顶部的木格栅固定"整体衣柜"，再通过简单的角铁与螺钉来加固衣柜。

整体衣柜效果图一

整体衣柜示意图二

功能空间

结构安全

热工性能

自然采光

室内通风

防火隔声

家具设施

整体鞋柜示意图

鞋架效果图

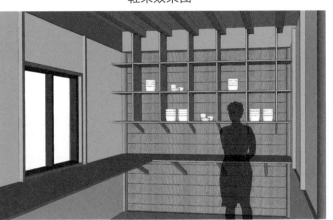

厨房效果图

整体鞋柜、鞋架：与整体衣柜构造原理相似，取当地最简易的板材加入角铁、螺钉等简单的金属构件固定整体鞋柜来解决放鞋问题。

厨房搁架：对于厨房内的烹饪工具以及一部分食品、调料等瓶瓶罐罐的存储，可借鉴当地村民设计的存储方式，在此基础上进行优化，设计出易取材、易组装的简易搁架系统。

5.2.7 传统民居改造与综合性能提升措施总览

功能空间	堂屋为核心的紧凑型空间布局	功能布局
	架空层功能置换与功能完善	
结构安全	三段式结构体系的优化与继承	结构体系
	传统木结构节点构造改良	
自然采光	基于架空梁板基础的结构体系优化	
	基于轻钢结构的建造体系革新	
保温性能	火塘排烟方式改进	材料构造
	可开启关闭门窗架设与扩充	
室内通风	围护结构气密性提升	
	基于现代夯土的墙体保温性能提升	
防火隔声	基于复合构造的木楞墙保温性能提升	
	细石混凝土楼地面勘固	
家具设施	基于传统结构与构造的建议家具设施	

5.3 新建类农房建设指引

5.3.1 目标与策略

1. 目标

传承与弘扬本土可持续的建筑文化传统，实现农房整体品质提升，适度培育符合当地特点的产业发展。

2. 策略

①采用模数化的设计，利用现代工业技术实现延续和保护传统村落建筑风貌。

②采用本土工业化的模式，利用本地材料和比较廉价的现代工业化材料进行本土加工，提高农房整体品质，包括卫生环境、热工环境、居室环境等。

③采用适合当地气候的建筑原料，通过培训当地居民掌握适度工业化的建造技术，为未来当地产业发展留有可持续发展的空间。

④结合乡村法定规划，确定农房占地面积标准、建筑面积标准、建筑高度标准、色彩标准等，指导村落农房的新建、改造更新。

贡山县聚落环境

5.3.2 农房方案

1. 一字形方案

1）功能布局

设计根据目标和策略，综合考虑平面功能，建筑面积，结构基础，采用模数进行控制轴网以 1.2M 和 1.5M 轴网适合建筑面积，房间面积，房间比例要求。农房房屋建设系统尝试建立农房设计通用导则，尝试建立模数子系统、材料子系统等。运用模块化原理和设计方法建立新型装配工业化农房的标准体系，用建造产业化的方式推进当地新建农房建设标准的确定。

模数体系的建立有利于材料的替换，围护结构可尽快实现装配式安装。轴网以 1M（模）=100mm 为基本模数；采用扩大模数 3M（模）=300mm 为进级单位。基本原则有：尺寸须符合当地使用习惯要求；尺寸应符合通用材料规格，有利于提高材料的利用率，方便加工、包装、仓储和运输；尺寸比例符合人们共性的审美习惯；规格尺寸系列有利于各模块间便于组合。

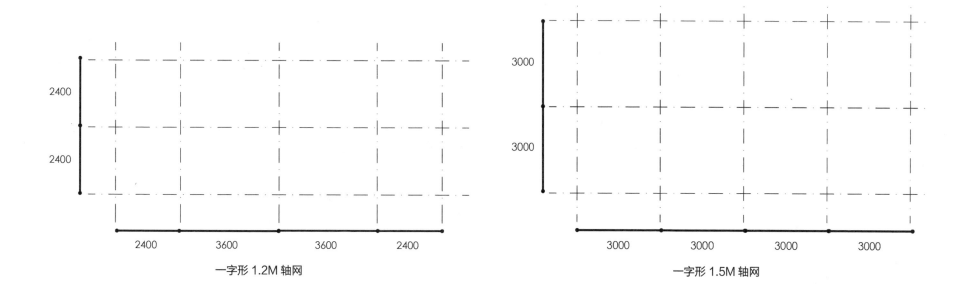

一字形 1.2M 轴网　　　　　　　　　　　　　一字形 1.5M 轴网

2）新建民居功能布局（60m²）

平面布局成长方形，共三开间两室一厅。

面积为63.36m²，可居住四口人。

根据已有民居火塘摆放位置及尺度，火塘空间活动面积为5~6m²，放置在起居室中间位置，旁边设置厨房区域（灶台）。面积为28.8m²。

起居室新区域包括休息区（床放置在靠近火塘位置，便于取暖）。休闲区（沙发电视放在火塘一侧）。

根据四口人标准设置两个卧室，分别放置双人床和单人床，并新加衣柜，便于整理衣物。面积为13m²和9m²。

卫生间模块放在架空层内，除整体卫浴外，可放置洗衣机、墩布池等，面积为11.52m²。

储藏间位置面积根据民居地形情况而定。

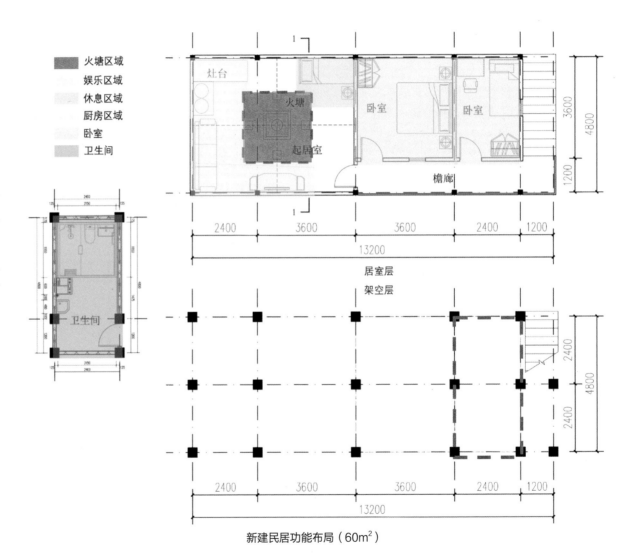

新建民居功能布局（60m²）

火塘区域
娱乐区域
休息区域
厨房区域
卧室
卫生间

3）新建民居功能布局（80m²）

平面布局成长方型，共三开间两室一厅，面积为 80m²，可居住五口人。

根据已有民居火塘摆放位置及尺度，火塘空间活动面积为 5~6m²，放置在起居室中间位置，旁边设置厨房区域（灶台），面积为 27m²。

起居室新区域包括休息区（床放置在靠近火塘位置，便于取暖），休闲区（沙发电视放在火塘一侧）。

根据五口人标准设置两个卧室，分别放置一张双人床和两张单人床，并新加衣柜，便于整理衣物，面积都为 13.5m²。

卫生间模块放在架空层内，面积为 6.72m²。主要布置整体卫浴，另在卫生间模块旁边布置洗衣房。

储藏间位置面积根据民居地形情况而定。

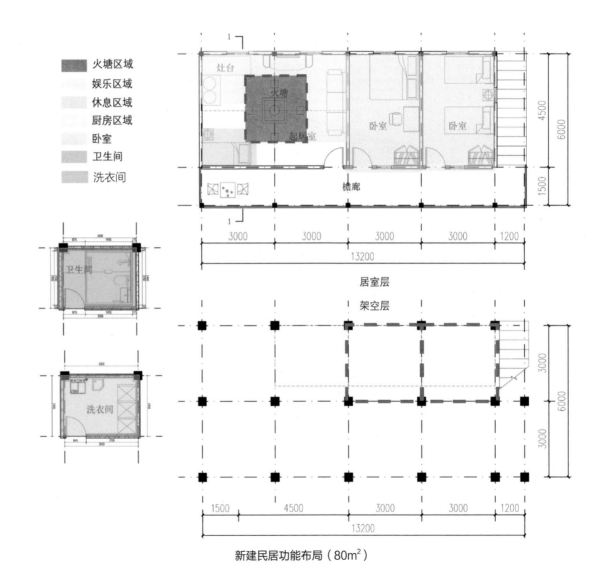

新建民居功能布局（80m²）

4）效果图

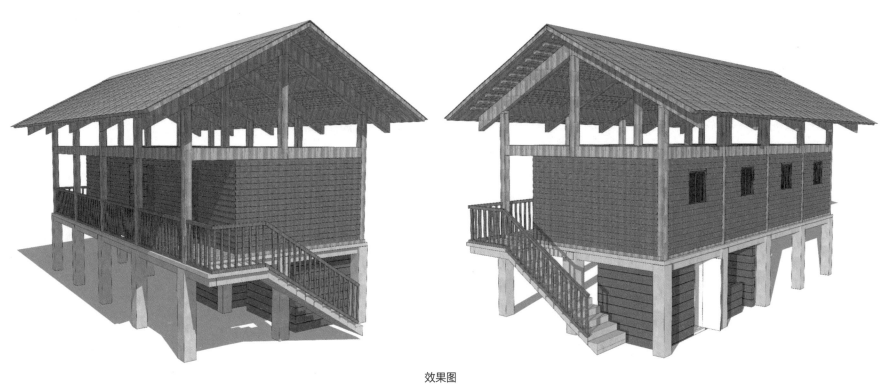

效果图

5）平面图

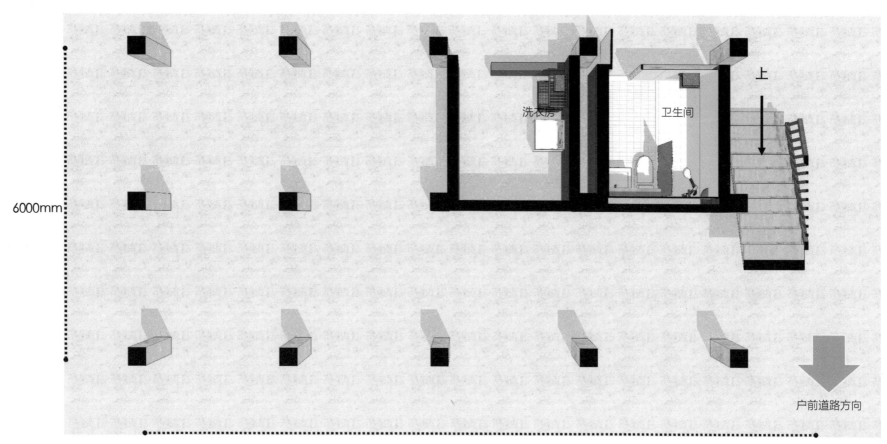

架空层平面示意图

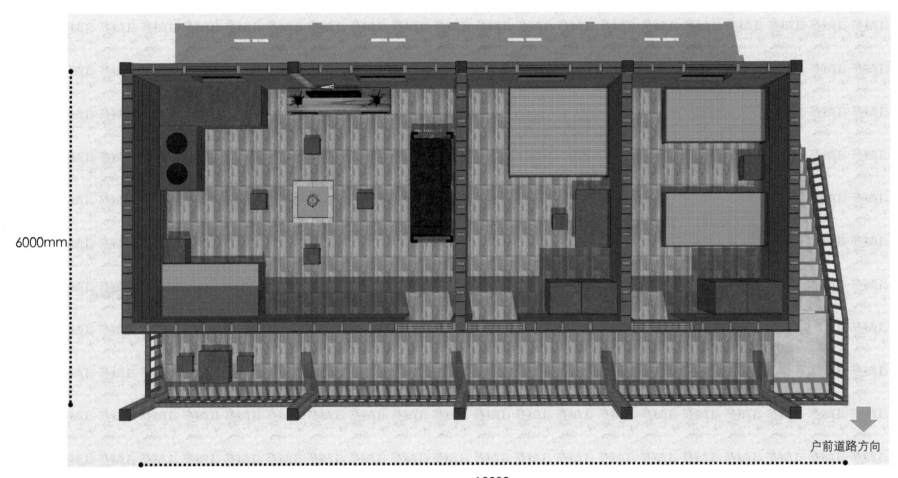

6000mm

13200mm

户前道路方向

居室层平面示意图

6）立面图

左立面图

右立面图

正立面图

背立面图

7）剖面图

底层架空层按照整体卫浴的安装尺寸推荐高度为2.4m。

居住层高度根据传统民居高度推荐为2.4m。

屋面坡度根据传统民居坡度为26°，屋架高度为2.0m。

结构类型为胶合木结构。

卫生间模块放在靠近楼梯位置，方便使用。

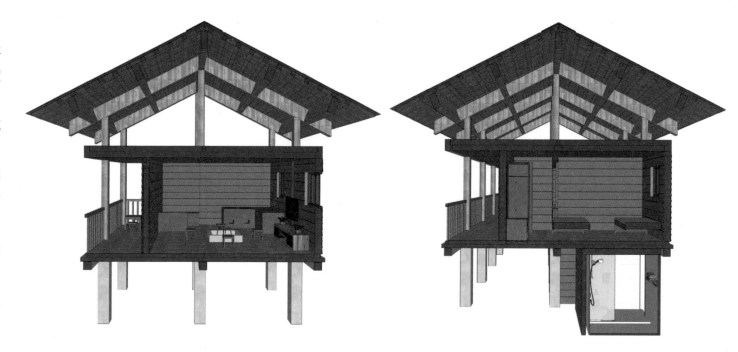

剖透视 1   剖透视 2

8）结构方案

概述

一字形平面方案建议采用胶合木结构。

胶合木结构为用胶粘方法将木料拼接成符合要求的结构构件（本页图胶合木结构示意）。

特点

①外观具有典型木材外观（本页图胶合木结构）；

②不受天然木材尺寸限制、能够满足大截面及构件的需要；

③能够组合成多种形状的构件；

④强度高，耐久性好；

⑤具有轻木结构的主要优点。

材料要求

①胶合木结构构件在工厂按尺寸加工完毕后运至现场安装；

②构件之间通过螺栓、销轴、钉、剪板连接等各种金属连接件进行连接；

③构件常用材料宜选用针叶材树种，同时不能用普通胶合板材代替；

④墙体可以采用轻型木结构、砌体墙等其他形式。

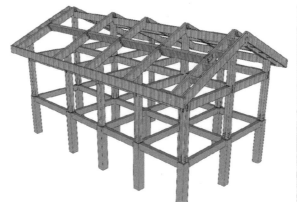

胶合木结构示意

胶合木结构

胶合木结构连接件

胶合木结构构件

9）建筑组成

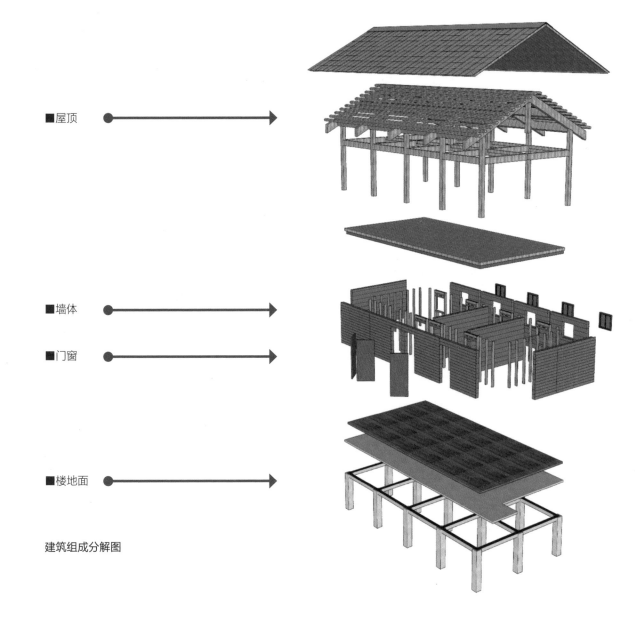

■屋顶

■墙体

■门窗

■楼地面

建筑组成分解图

2.方形方案

1）功能布局

设计根据目标和策略，综合考虑平面功能、建筑面积、结构基础、采用模数进行控制。

0.9M 轴网适合建筑面积，房间面积，房间比例要求。

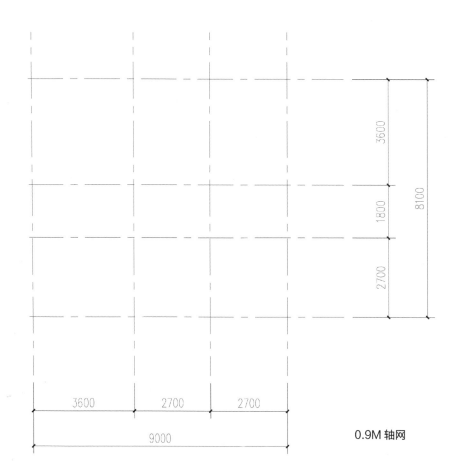

0.9M 轴网

2）模数

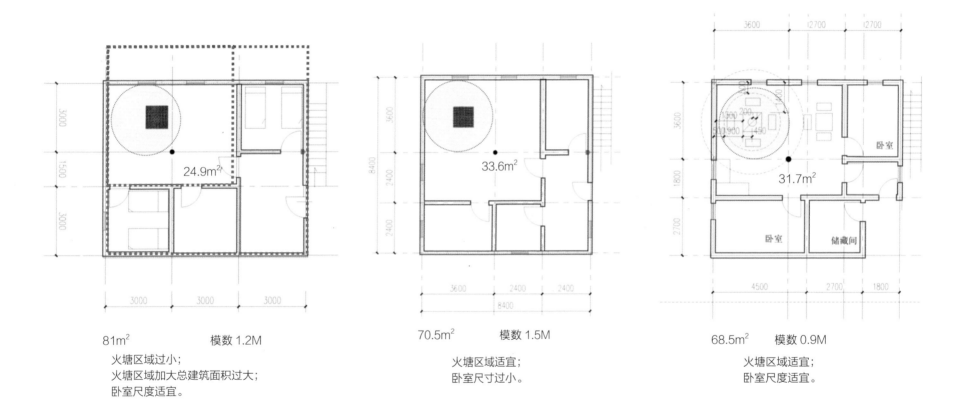

81m²   模数 1.2M

火塘区域过小；
火塘区域加大总建筑面积过大；
卧室尺度适宜。

70.5m²   模数 1.5M

火塘区域适宜；
卧室尺寸过小。

68.5m²   模数 0.9M

火塘区域适宜；
卧室尺度适宜。

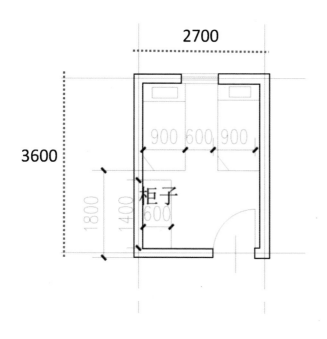

模数卧室 0.9M 68.5m²

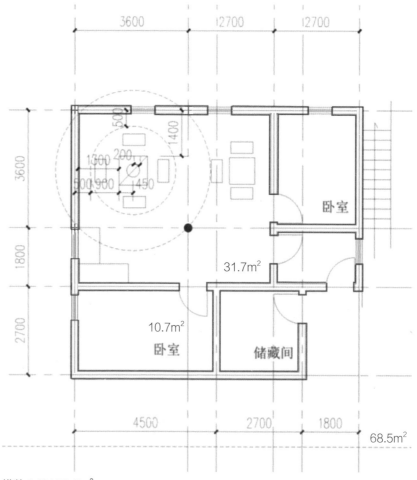

模数 0.9M 68.5m²

3）效果图

效果图

4）平面图

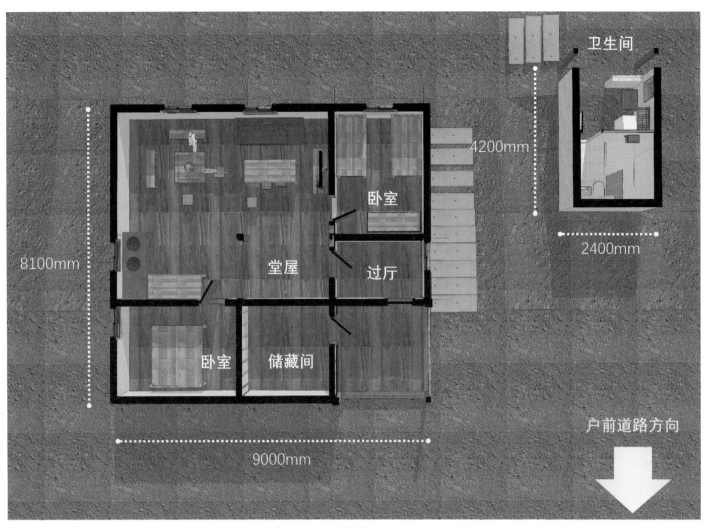

卫生间

4200mm

2400mm

卧室

8100mm

堂屋

过厅

卧室

储藏间

户前道路方向

9000mm

平面图

5）立面图

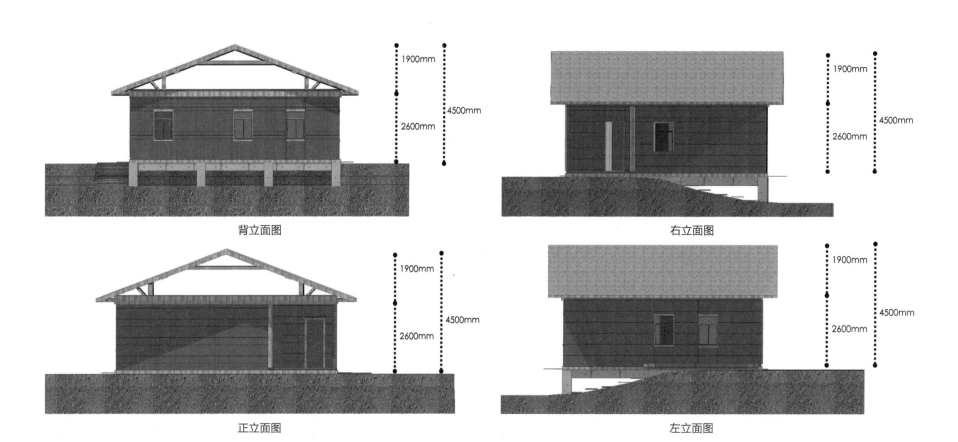

背立面图

右立面图

正立面图

左立面图

6）剖面图

剖面图

7）结构方案

（1）概述

方形平面的方案建议采用轻木结构体系。

轻型木结构是利用均匀密布的规格木构件来承受房屋各种平面和空间作用的受力体系。结构部分由主要结构构件（木构架，右图）与次要结构构件（面板）的组合而成。

（2）特点

①节能环保；

②建筑材料可再生；

③建造速度快，可做装配式建筑；

④围护结构可以采用多种板材型墙体材料，适应当地建筑风貌。

（3）材料要求

①构件常用材料宜选用针叶材树种，同时不能用普通胶合板材代替；

②木骨架的材质等级和强度应满足使用要求。

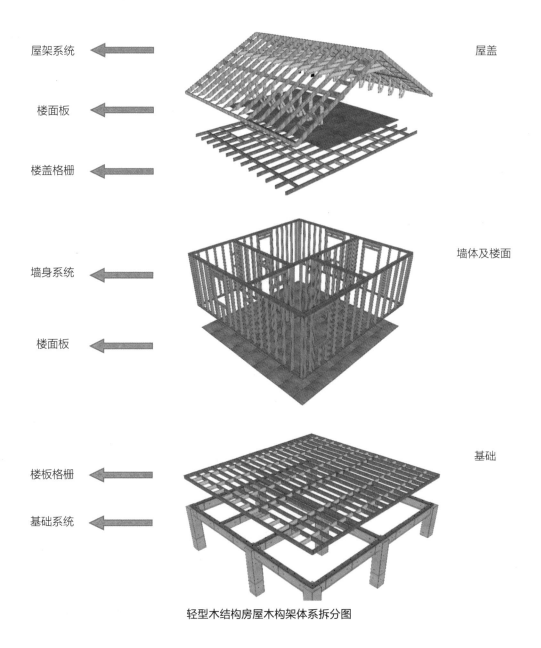

屋架系统　屋盖

楼面板

楼盖格栅

墙身系统　墙体及楼面

楼面板

楼板格栅　基础

基础系统

轻型木结构房屋木构架体系拆分图

8）建筑组成

■屋顶

■墙体

■门窗

■楼地面

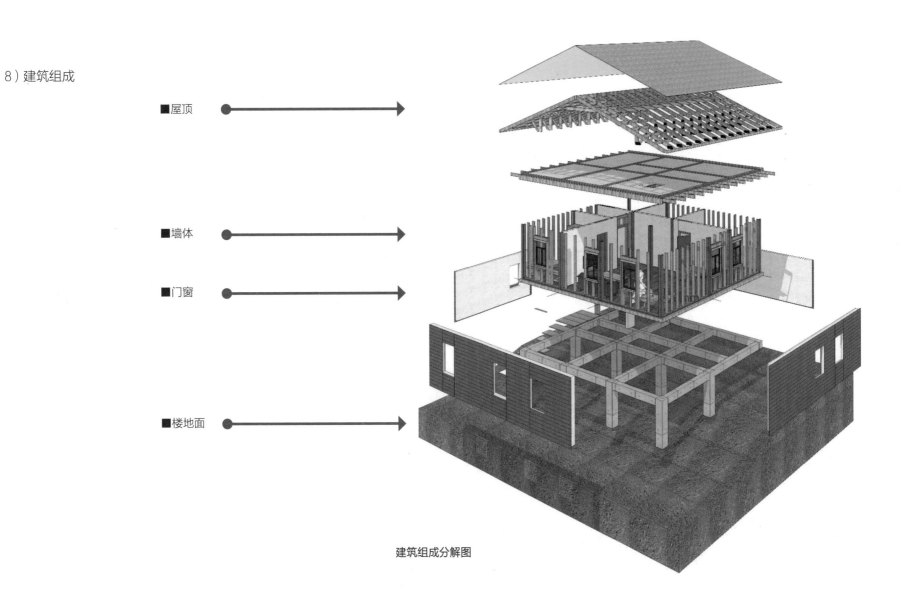

建筑组成分解图

5.3.3 结构体系

1. 结构策略

根据三种木结合的特点，选择轻型木结构和胶木结构作为云南贡山县农房的结构体系。

1）轻型木结构

轻型木结构采用规格木材制作结构体系。有以下优点：

①节能环保；

②建筑材料可再生；

③工业化生产，保证质量。建造速度快，可做装配式建筑；

④围护结构可以采用多种板材型墙体材料，适应当地建筑风貌。

2）胶合木结构

胶合木结构为用胶粘方法将木料拼接成符合要求的结构构件，有以下优点：

①外观具有典型木材外观；

②不受天然木材尺寸限制、能够满足大截面及构件的需要；

③能够组合成多种形状的构件；

④耐久性好；

⑤具有轻木结构的主要优点。

3）重木结构

井干式木结构外围护结构属于建筑结构体系，木材消耗量大，造价高，不建议使用。

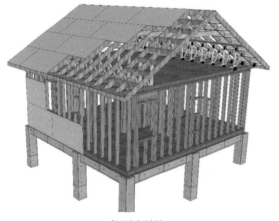

轻型木结构

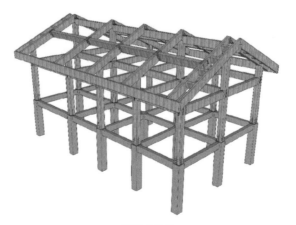

胶合木结构

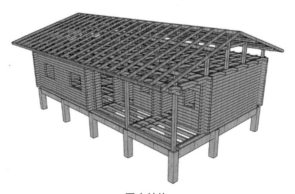

重木结构

2. 轻型木结构

1）材料要求

构件常用材料宜选用针叶材树种，同时不能用普通胶合板材代替。木骨架的材质等级和强度应满足使用要求。规格木材常用尺寸及用途见下表。

截面尺寸 宽（mm） x 高（mm）	常规用途
40×40	斜撑等轻骨架构件
40×65	
40×90	墙骨柱、顶梁板底梁板、地梁板搁栅横撑
40×140	
40×185	搁栅、橼条过梁、组合梁楼梯梁、踏步
40×235	
40×280	

规格木材常用尺寸及用途

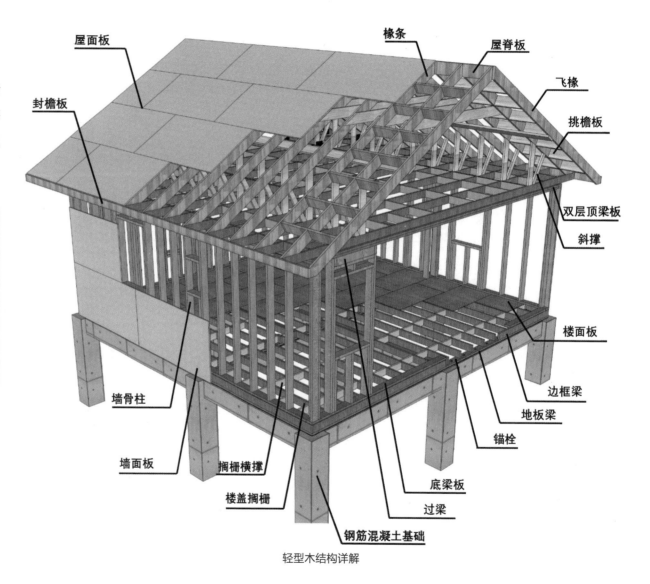

轻型木结构详解

轻型木结构常用材料

骨架构件采用 S-P-F（云杉－松木－冷杉）板材、集成板材，具有较高的强度重量比，其受钉和握钉力性能出色，用手工和电动工具操作容易。

面板材料采用定向刨花板（OSB）板材，以软针、阔叶的直径较小的木材、速生间伐材为原料，刨出很薄的木片，然后把木片经干燥、筛选、脱油、施胶、定向铺装、热压成的一种新型高强度承重木质板材。

结构构件及面板之间采用钉、螺栓、齿板等金属连接件，以钉连接为主。

SPF 板材及集成木

| 定向刨花板 | 齿板 | 抗拉锚固件 | 金属托架 | 角码 |

建造流程如本页图示。

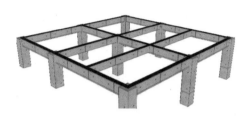

①在钢筋混凝土基础上设置与底梁板等宽的防水层

②铺设地梁板，并用预埋的锚栓将地梁板、防水层和钢筋混凝土基础固定

③在地梁板上铺设楼盖系统

⑥铺设顶棚格栅及横撑

⑤组装墙体，并用临时斜撑固定墙体

④铺设楼面板

⑦铺设顶棚楼面板

⑧安装屋架及屋面板，布置椽条拉杆及斜撑

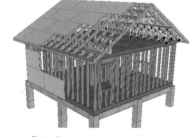

⑨完成

建造流程

2）结构体系及构造做法

（1）基础部分

根据当地民俗风貌，将建筑主体抬升，设置底部架空层。

基础部分包括如下构件：

①钢筋混凝土框架承台及独立柱基。

②钢筋混凝土框架承台部分建议由怒江州州政府负责设计及施工，由此可保证农房的占地面积不突破宅基地范围，同时保证结构基础的安全性。

③防水卷材基层。

④地梁板。

⑤边框梁或封边板。

⑥楼盖搁栅。

⑦横撑 。

⑧组合梁。

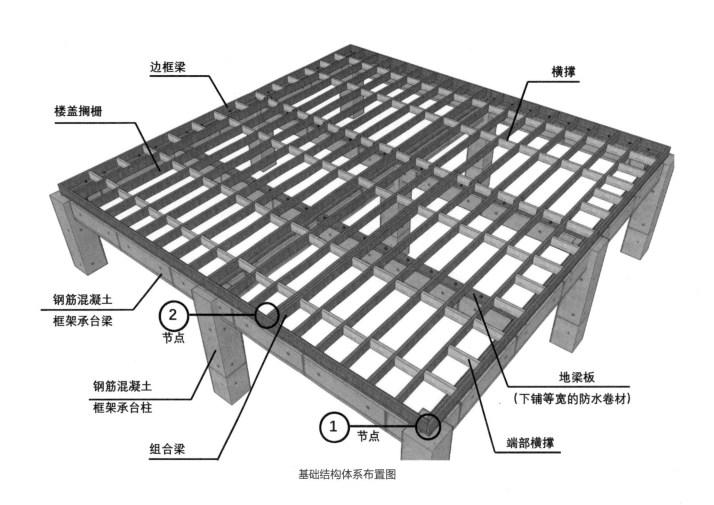

基础结构体系布置图

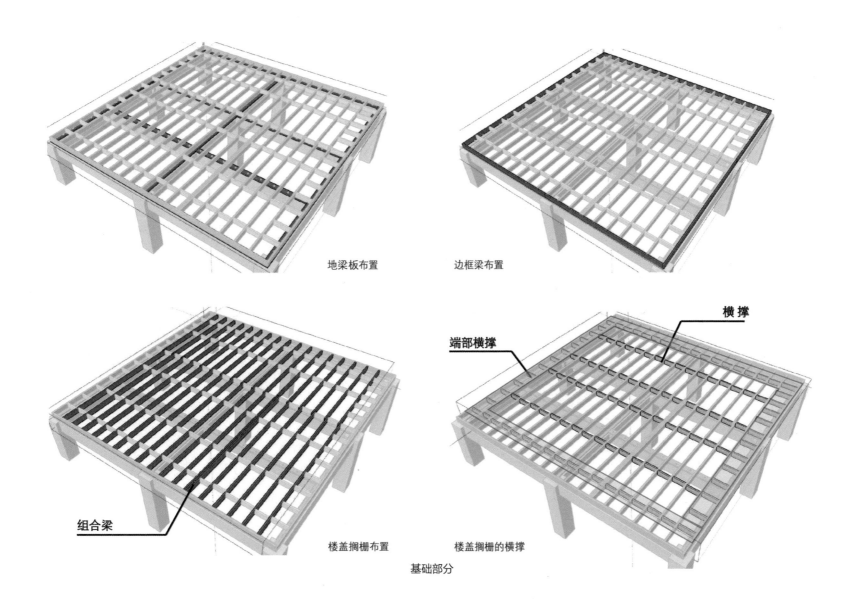

地梁板布置

边框梁布置

组合梁

楼盖搁栅布置

端部横撑

横撑

楼盖搁栅的横撑

基础部分

节点 1：以 L 形转角处为例。

①基础采用钢筋混凝土框架基础。

②混凝土基础上的地梁板采用防腐处理后的规格木材，并设置与地梁板等宽度的防水材料，防水材料采用改性沥青防水卷材。

③地梁板与防水卷材以锚栓和钢筋混凝土基础连接。

④基础各木构件之间的连接主要以钉连接为主。

⑤基础与墙体及楼面板的连接以钉连接为主。

节点 1：以 L 形转角处为例

①基础采用钢筋混凝土结构。

②混凝土基础上的地板梁采用防腐处理后的规格木材，并设置与地板梁等宽度的防水材料，防水材料采用改性沥青防水卷材。

③地梁板与防水卷材以预埋的锚栓和钢筋混凝土基础连接。

④楼盖搁栅、边框梁、横撑和地梁板以钉连接。

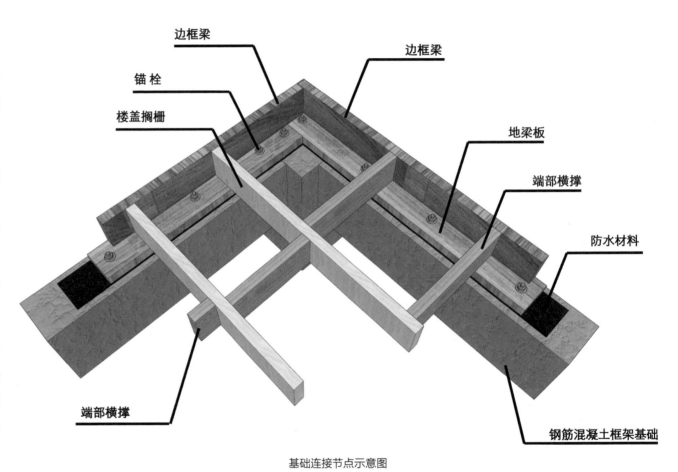

基础连接节点示意图

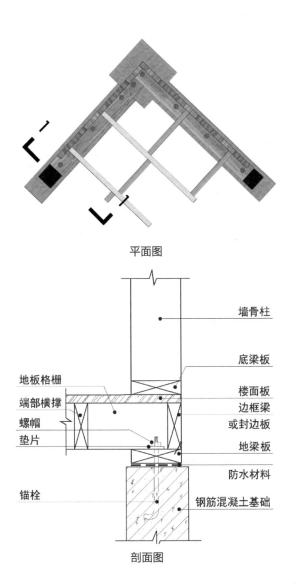

平面图

剖面图

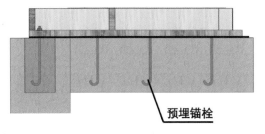

预埋锚栓示意图

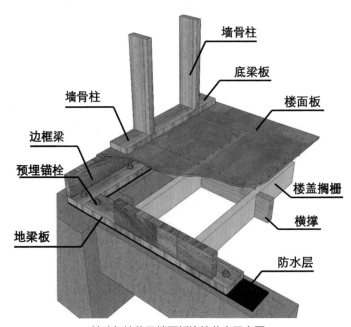

基础与墙体及楼面板连接节点示意图

节点 2：组合截面梁

①当承重墙体的基础不是钢筋混凝土基础时，需要在墙体底部设置组合截面梁。

②组合截面梁采用规格木材以螺栓或钉连接。

③组合截面梁与横撑以金属托架连接，在有钢筋混凝土基础支撑处设置金属扣件（角码）加以固定。

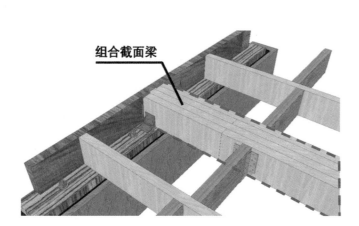

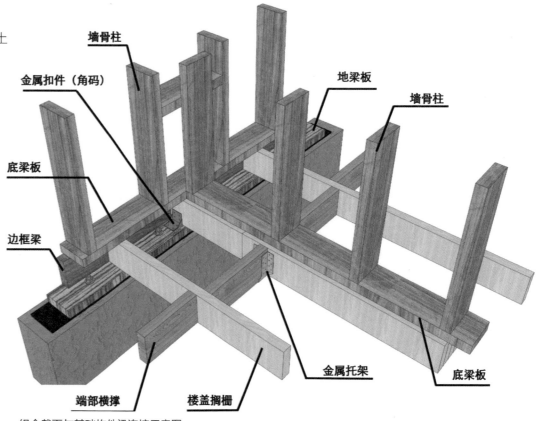

组合截面与基础构件梁连接示意图

（2）楼面部分

楼面板的布置沿其长边方向垂直于搁栅布置，用钉与楼盖搁栅连接。

相邻两排楼面板布置时应错开至少 2 根搁栅的间距。（楼面板布置图中红色虚线示意部分）

楼面开洞处应以两根搁栅加固，并使用金属托架连接。

楼面板间以企口的方式连接。

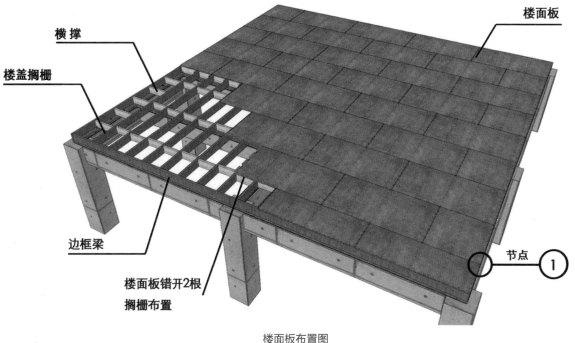

楼面板布置图

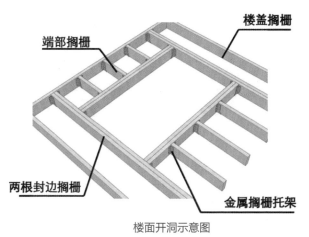

楼面开洞示意图

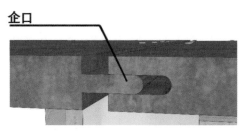

楼面板连接处示意图

（3）墙体骨架部分

墙体骨架各构件之间主要以钉连接。

墙体骨架部分主要由墙骨柱、顶梁板、底梁板以及承受开孔洞口上部荷载的过梁组成。

建造时，先将墙体骨架在地面组装完成后安装至预定位置与基础连接，并用临时斜撑固定。

建造过程

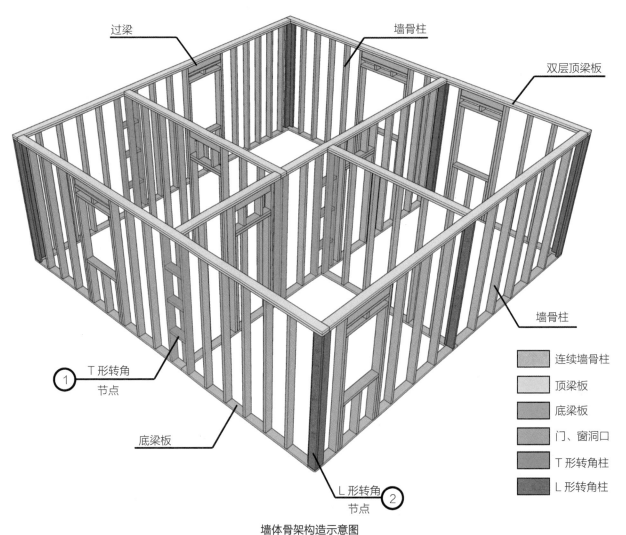

过梁

墙骨柱

双层顶梁板

墙骨柱

① T 形转角
节点

底梁板

L 形转角 ②
节点

	连续墙骨柱
	顶梁板
	底梁板
	门、窗洞口
	T 形转角柱
	L 形转角柱

墙体骨架构造示意图

节点：墙骨柱在墙体转角处（L 形转角）、交接（T 形转角）处加强构造处理。

墙体底部有底梁板，顶部设置顶梁板。顶梁板、底梁板宽度大于等于墙骨柱截面高度。

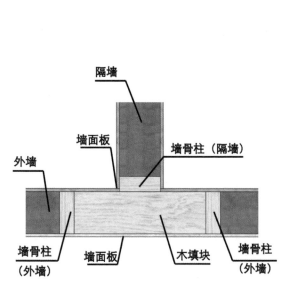

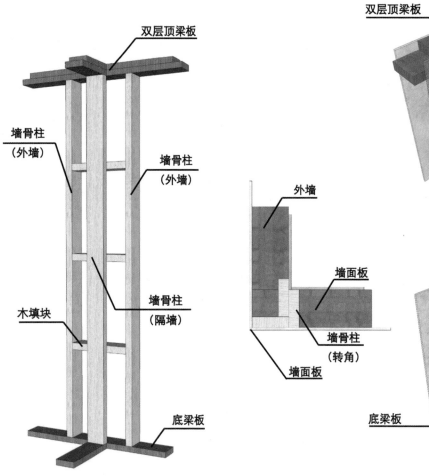

T 形转角及外墙 L 形转角示意图

墙骨间距 L 长度不大于 610mm、405mm 或 450mm，在同一层内连续布置。

每根墙骨柱之间的间距 L 应相等。

墙骨柱在洞口处应加强构造处理，洞口上方设置组合工程过梁，洞口两侧各增加附加墙骨柱，在过梁底部及窗台底部设置托柱。

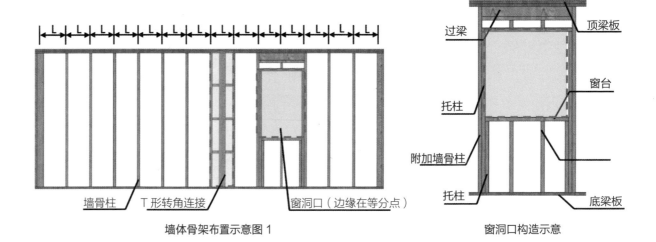

墙体骨架布置示意图 1

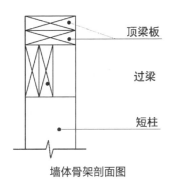

墙体骨架剖面图

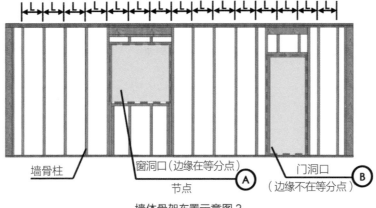

墙体骨架布置示意图 2

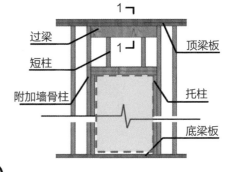

窗洞口构造示意

门洞口构造示意

（4）屋盖部分

轻型木结构的屋盖，采用由结构规格材制作的、间距不大于 600mm 的轻型桁架。

屋盖系统由屋脊板、椽条和顶棚搁栅、横撑、封檐板、挑檐板及飞椽构成。

由于屋脊板没有支撑，椽条应设置连杆以避免其向外移动。椽条和顶棚格栅之间设置矮柱及斜撑固定。

顶棚搁栅可以是连续的，在洞口处断开的搁栅应做加强构造处理。

由于顶棚为上人楼面，顶棚还应设置横向支撑。

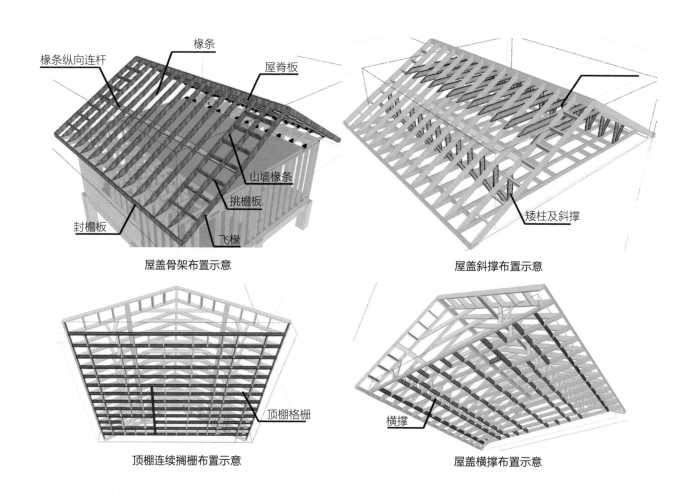

屋盖骨架布置示意

屋盖斜撑布置示意

顶棚连续搁栅布置示意

屋盖横撑布置示意

椽条、顶棚搁栅及斜撑之间以金属齿板连接。金属齿板
采用镀锌薄钢板制作，对称设置于构件两侧。

挑檐板采用金属托架与椽条连接，金属托架采用镀锌钢
板制作。

顶棚桁架与承重墙体的顶梁板采用抗拉锚固件加以固定。
防止侧向位移。

斜撑

椽条

顶棚搁栅

金属齿板

矮柱

金属托架

椽条

挑檐板

双层顶梁板

抗拉锚固件

封檐板

山墙椽条

屋盖构件连接示意

屋脊板

椽条

金属齿板

椽条拉杆

斜撑

顶棚格栅

矮柱

金属齿板

封檐板

一品轻桁架示意图

活动空间

3. 胶合木结构

1）概述

根据当地民俗风貌，将建筑主体抬升，设置底部架空层，并在其中设置卫生间及洗衣房。

钢筋混凝土框架承台部分，其梁下净高 H 应不小于 2.1m。同时，建议由怒江州州政府负责设计及施工，由此可保证农房的占地面积不突破宅基地范围，同时保证结构基础的安全性。

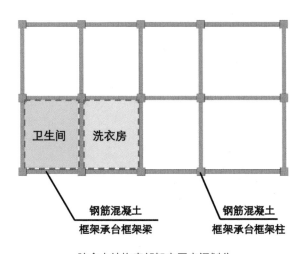

胶合木结构底部架空层空间划分

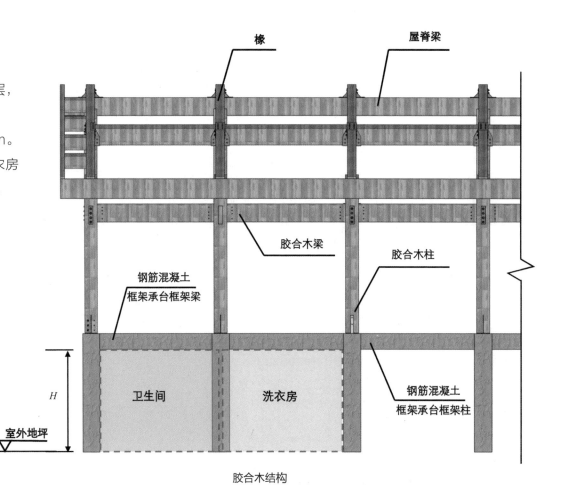

胶合木结构

2）建造流程示意

①在钢筋混凝土基础上设置柱脚连接件

②安装胶合木柱及梁、柱连接件

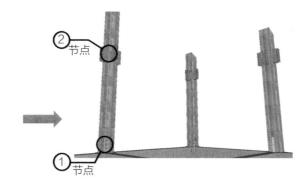

④安装胶合木结构层架

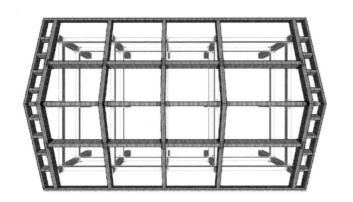

③安装胶合木结构梁

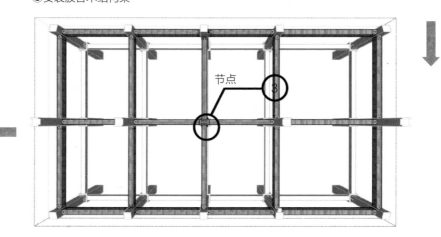

建造流程示意图

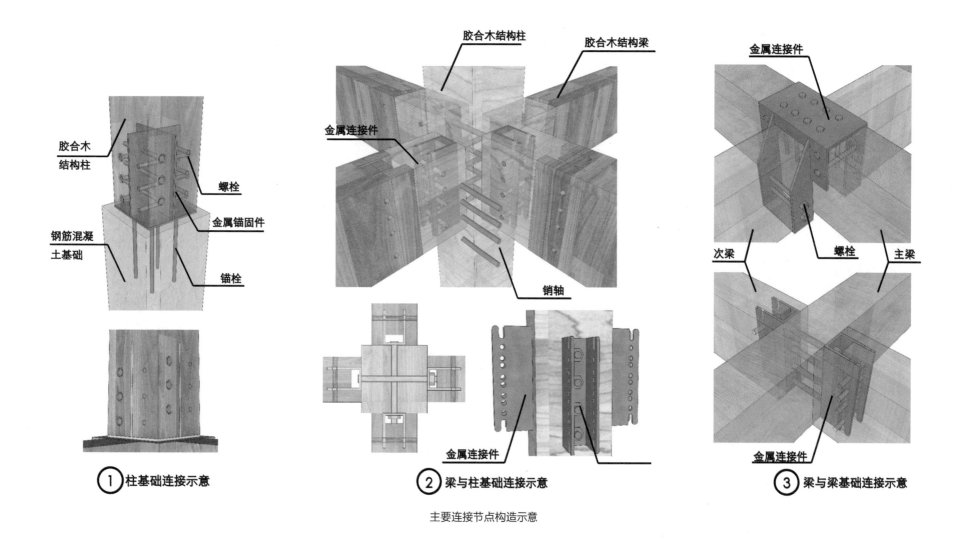

胶合木结构柱

胶合木结构梁

金属连接件

胶合木
结构柱

螺栓

金属连接件

金属锚固件

钢筋混凝
土基础

销轴

次梁

螺栓

主梁

锚栓

金属连接件

金属连接件

① 柱基础连接示意

② 梁与柱基础连接示意

③ 梁与梁基础连接示意

主要连接节点构造示意

5.3.4　围护结构

1. 屋顶

胶合木结构屋顶和民居立柱是一体的，通过立柱承重。轻型木结构屋顶为独立承重。

屋架上方铺设金属望板，石片屋面做法为挂瓦条上放置石片。石片规格为 400mm×400mm。

玻纤瓦屋面做法为水泥砂浆层上铺设玻纤瓦。玻纤瓦规格为 1000mm×300mm。

胶合木屋顶（左）及轻型木屋顶（右）

石片屋面及玻纤瓦屋面

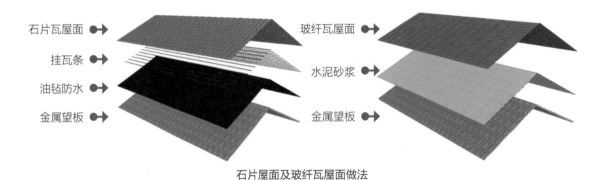

石片屋面及玻纤瓦屋面做法

2.外墙

木龙骨 + 埃特板做法构造示意

效果：可与外墙如埃特板装饰灵活组合。

特性：质轻，灵活。

规格：每块埃特板宽度为 150mm，民居墙体高度为 2400mm。

木纹埃特板

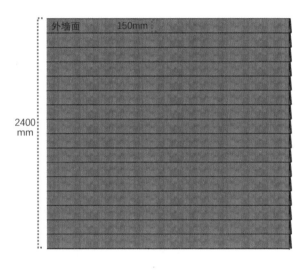

外墙构造 1

轻质隔墙板

效果：木纹形式

特性：①预制化，安装快，配方简单，原料容易，设备投资少。

②耐火，高强，保温节能，轻质，隔声，憎水，耐久。

规格：挂板厚度为 180mm，挂板之间和挂板与木梁之间通过凹槽连接。

木纹预制挂板

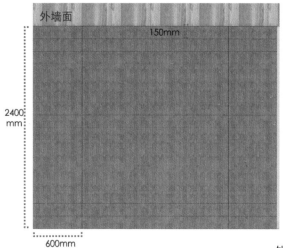

外墙构造 2

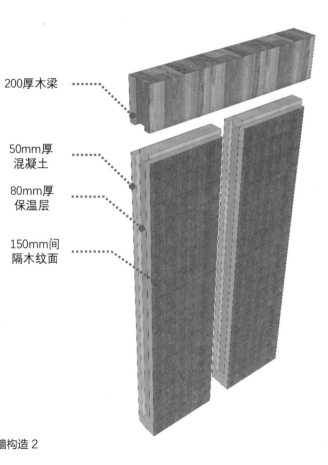

200厚木梁

50mm厚
混凝土

80mm厚
保温层

150mm间
隔木纹面

3. 内墙

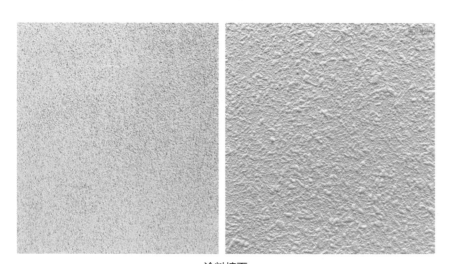

涂料墙面

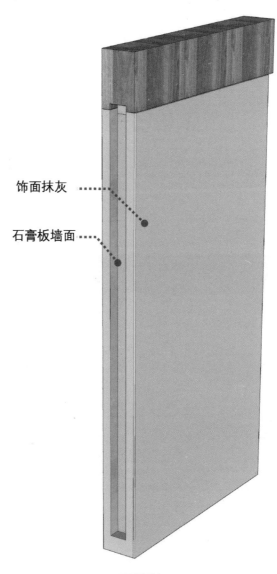

饰面抹灰

石膏板墙面

石膏板墙

4. 门窗

开门位置为每间房间一侧。

门洞大小为 2.1m × 0.9m. 统一为木色复合木门。

木门断面

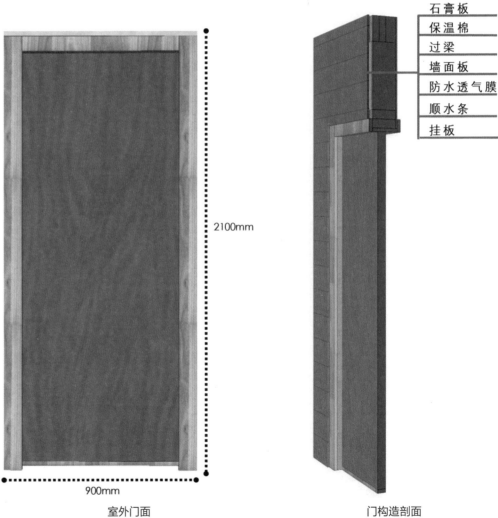

| 石膏板 |
| 保温棉 |
| 过梁 |
| 墙面板 |
| 防水透气膜 |
| 顺水条 |
| 挂板 |

2100mm

900mm

室外门面

门构造剖面

开窗位置初步定为房屋背面开窗，卧室和起居室均开窗。

窗口大小为 0.9m×0.9m 规格的木色铝合金窗，双波中空，断桥铝型材。

窗户和轻质隔墙板之间做收边。

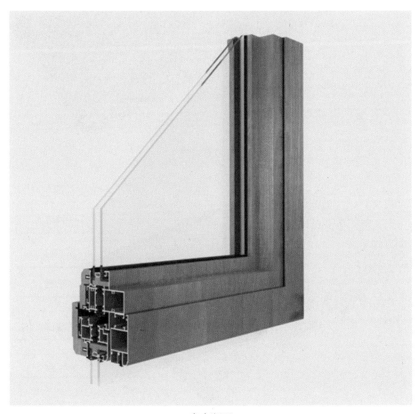

窗户断面

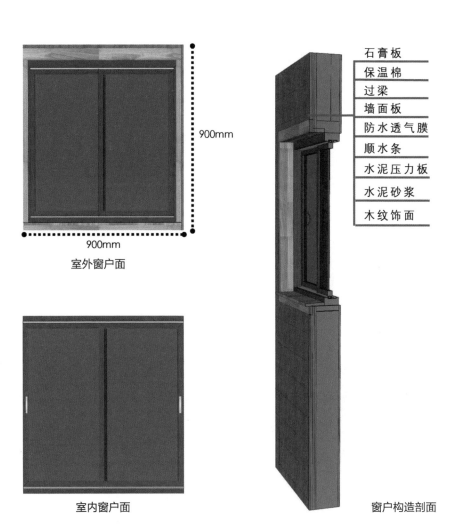

900mm

900mm

室外窗户面

室内窗户面

石膏板

保温棉

过梁

墙面板

防水透气膜

顺水条

水泥压力板

水泥砂浆

木纹饰面

窗户构造剖面

5. 地面

混凝土楼面为混凝土柱加混凝土梁承重，上为混凝土板加木楼板地面。

木楼面则为轻木梁加木龙骨格栅代替混凝土梁和板，上为木楼板地面。

竹篾楼面为木龙骨格栅上铺竹篾地面。

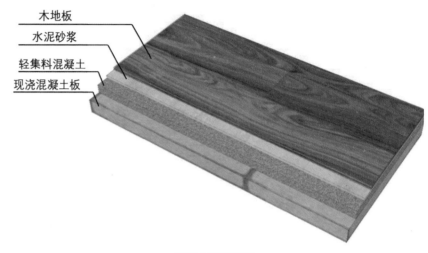

木地板
水泥砂浆
轻集料混凝土
现浇混凝土板

混凝土楼面构造

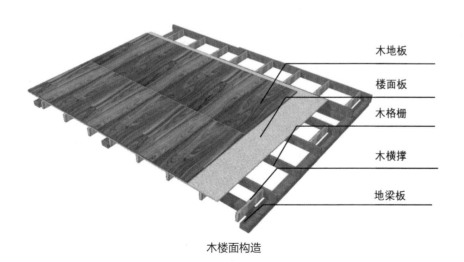

木地板
楼面板
木格栅
木横撑
地梁板

木楼面构造

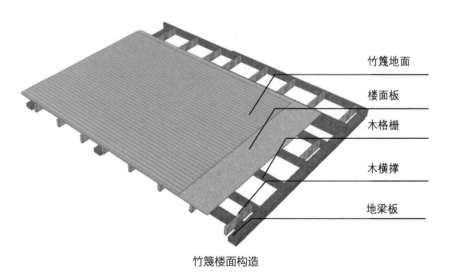

竹篾地面
楼面板
木格栅
木横撑
地梁板

竹篾楼面构造

5.3.5　家具设施

1. 堂屋家具类型

1）家具类型：小规格低高度木家具，遵循当地传统民居家具类型。

家具样式：都为传统家具样式。

家具尺度：家具尺度较小，高度统一不超过 700mm。

家具材质：都为木材质 / 竹材质。

家具色彩：都为木色系 / 竹色系。

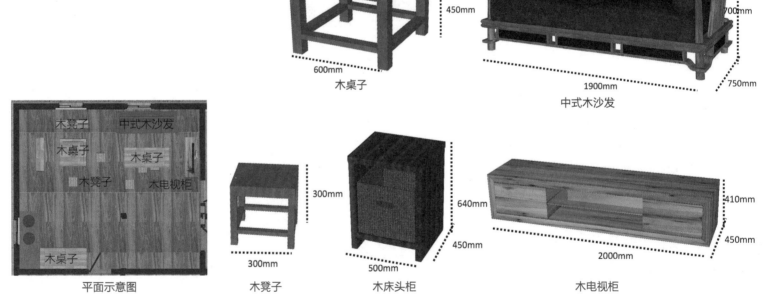

木桌子	中式木沙发

平面示意图　　　　木凳子　　　　木床头柜　　　　木电视柜

2）家具类型：小规格低高度竹编家具，遵循当地传统民居家
具类型。

家具样式：都为传统家具样式。

家具尺度：家具尺度较小，高度统一不超过 700mm。

家具材质：木材质或竹材质。

家具色彩：木色系或竹色系。

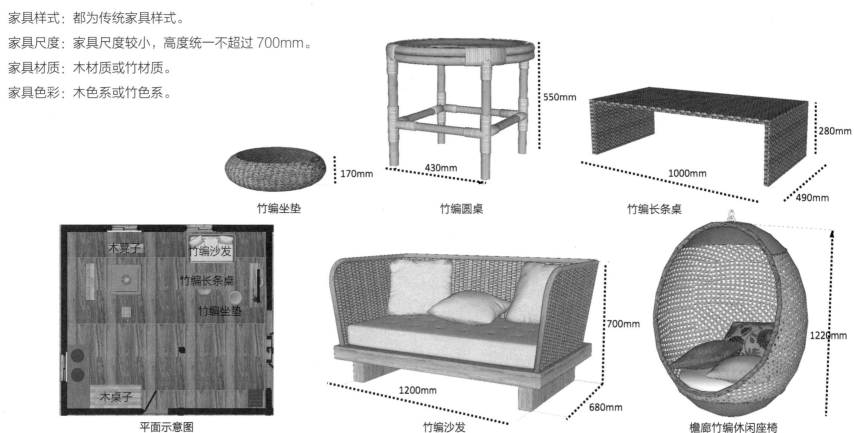

竹编坐垫　　170mm

竹编圆桌　　550mm　430mm

竹编长条桌　　280mm　1000mm　490mm

平面示意图

竹编沙发　　700mm　1200mm　680mm

檐廊竹编休闲座椅　　1220mm

2. 卧室家具类型

家具类型：小规格低高度木家具或竹编家具，遵循当地传统民居家具类型。

家具样式：都为传统家具样式。

家具尺度：家具尺度较小，除衣柜外高度统一不超过 700mm。

家具材质：木材质或竹材质。

家具色彩：木色系或竹色系。

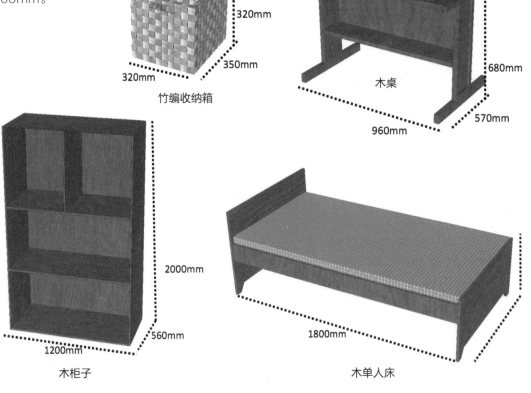

竹编收纳箱

木桌

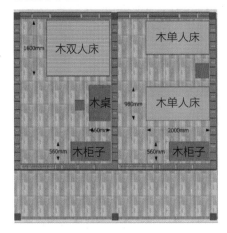

卧室家具类型

平面示意图

木柜子

木单人床

3. 一字形民居起居室家具摆放

起居室家具摆放遵循传统民居家具摆放，火塘空间放在起居室中间，活动面积为 5~6m²。

灶台设一侧，另根据生活水平添加床位及电视、沙发等家具。床位应靠近火塘便于取暖。

起居室家具高度和规格遵循传统民居家具原则，家具高度统一不高于 700mm，规格都为小型木家具。另起居室外檐廊也可放置桌椅，拓展起居室空间。

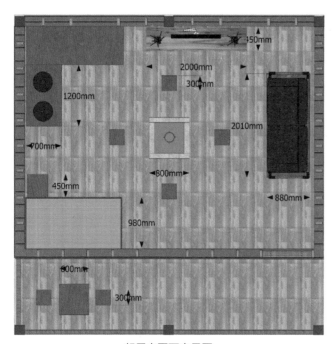

起居室平面家具图

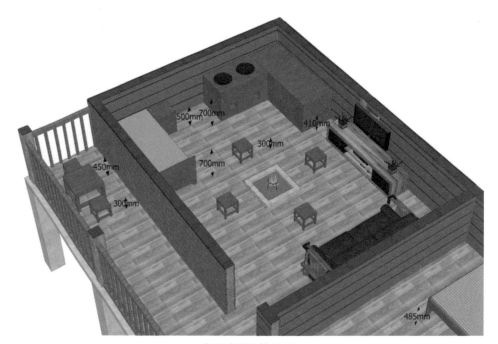

起居室家具效果图

4. 一字形民居卧室家具摆放

根据五人口居住情况，除起居室一张单人床外，两个卧室分别布置一张双人床和两张单人床。

卧室家具除衣柜高度为 2000m，其余家具高度都不大于 700mm，卧室设衣柜，便于当地居民养成整理衣物的习惯，另根据卧室大小放置小型桌椅。

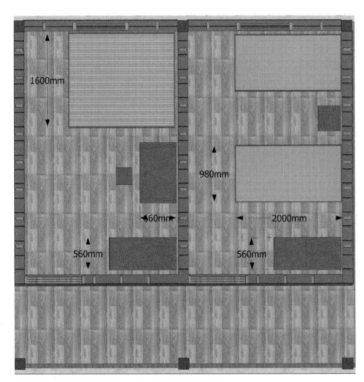

卧室平面家具图

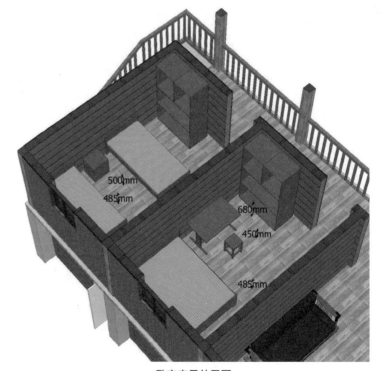

卧室家具效果图

5. 方形民居堂屋家具摆放

堂屋遵循传统家具摆放，火塘区域活动半径 2400mm；灶台设一角。另根据生活水平放置电视、沙发等家具。

堂屋家具高度和规格遵循传统民居家具原则，规格都为小型木家具。

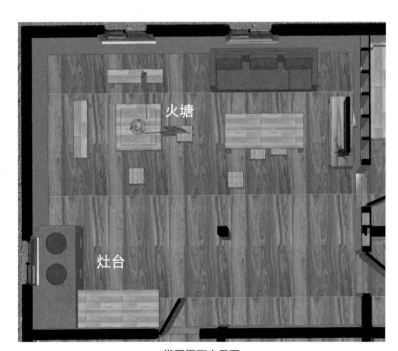

堂屋平面家具图

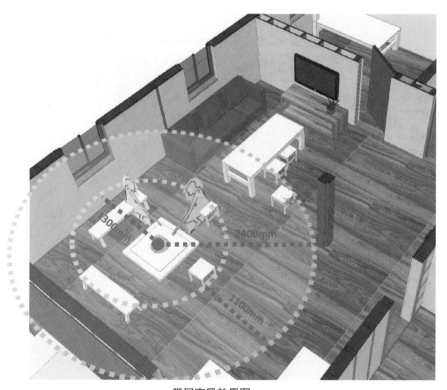

堂屋家具效果图

6. 方型民居卧室家具摆放

　　根据五人口居住情况，除起居室一张单人床外，两个卧室分别布置一张双人床和两张单人床。

　　卧室设衣柜，便于当地居民养成整理衣物的习惯。

卧室平面家具图

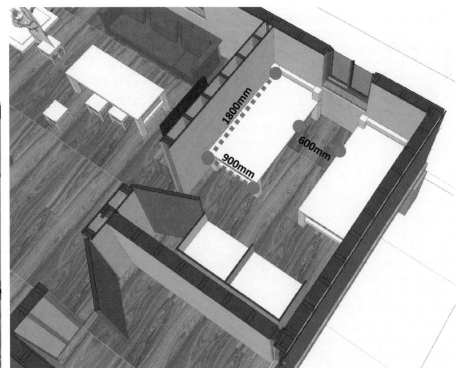

卧室家具效果图

7. 火塘

火塘排烟方式为主动式排烟，加排烟罩。排烟罩烟囱出口在屋顶位置。

火塘效果图

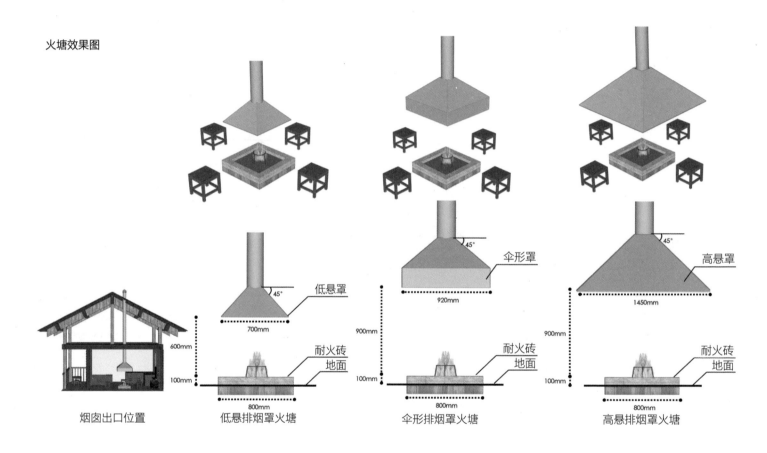

烟囱出口位置

低悬排烟罩火塘

伞形排烟罩火塘

高悬排烟罩火塘

8. 整体卫浴

卫生间模块的选材效果参考本页及下页图。

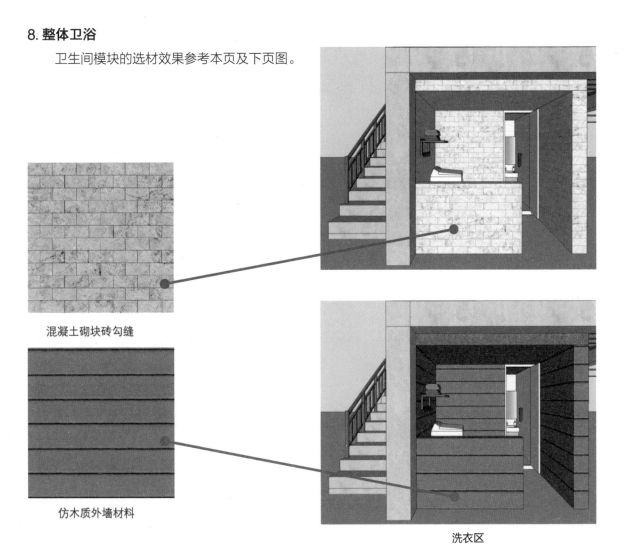

混凝土砌块砖勾缝

仿木质外墙材料

洗衣区

整体卫浴前视图、侧视图

整体卫浴效果展示一

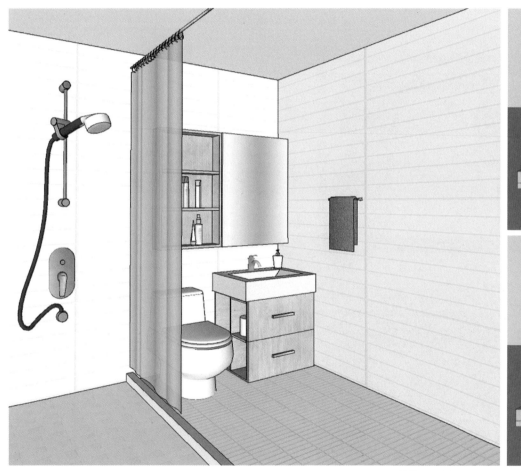

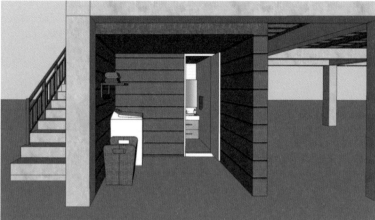

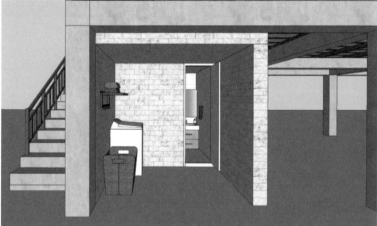

整体卫浴效果展示二

5.3.6　卫生间

1. 户式卫浴有机更新方案

背景：贡山县是怒江州传统农房村落风貌保护最具原真性的区域，各级传统历史文化名村数量比较多，是不可再生优秀历史文化资源，对当地未来旅游产业、影视文化产业等具有不可估量的资源价值。

建议：我们提出有机的系统性模块化更新的村落保护推进当地村民脱贫，改进基本生活条件的措施。村落卫生系统中的户厕模块是这次我们研究的重点。根据调研，贡山县自然村落相对分散，地形高差较大，适合采用户厕卫生模块。所以，建议选择一家各种条件比较好，示范性强的农户为有机更新示范，尝试进行户式整体卫浴更新改造提升计划。

方案：户厕模块主要采用将集成卫浴、洗衣空间、户式排水、分户式污水处理槽等成型产品和设计进行集成化设计，实现可推广的户厕模块单元，用标准化建造安装方式科学推进农房卫生系统改善。可以结合现有已改造房屋现状进行试验工作。此模块可以为下一步相关产业开发后，如民宿、餐饮、房车营地等，本地区接待人数增加情况下的环境卫生工作的科学应对提供有益尝试。

2. 户式卫浴改造示意

底层混凝土框架架空。
新建民居仿照传统样式，形
式不变，原底层架空层抬高。

黑娃底村新建房屋

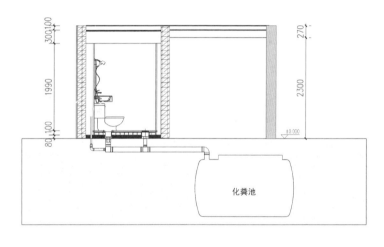

化粪池

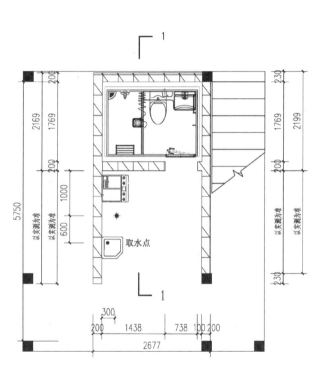

户式卫浴改造示意图

取水点

3. 户式卫浴给水排水安装

户式卫浴给水排水安装图

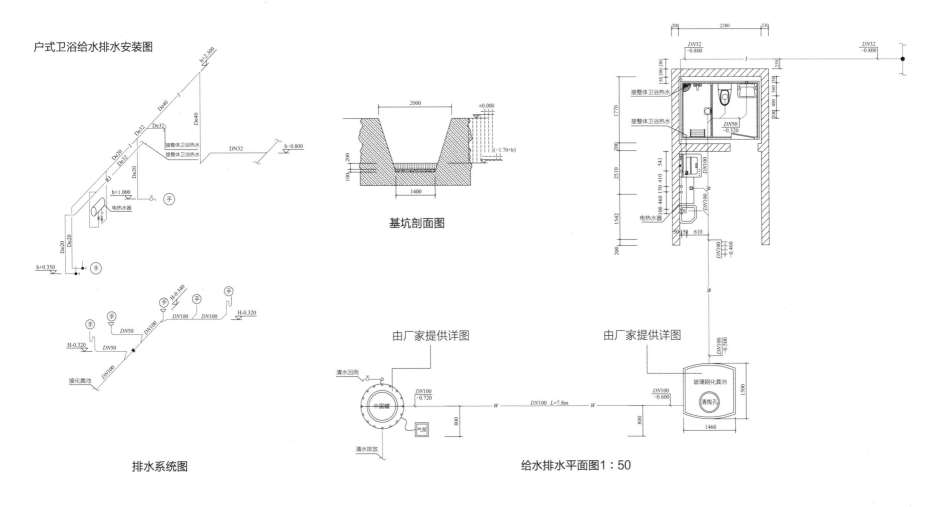

基坑剖面图

排水系统图

给水排水平面图 1：50

4. 户式卫浴改造示意

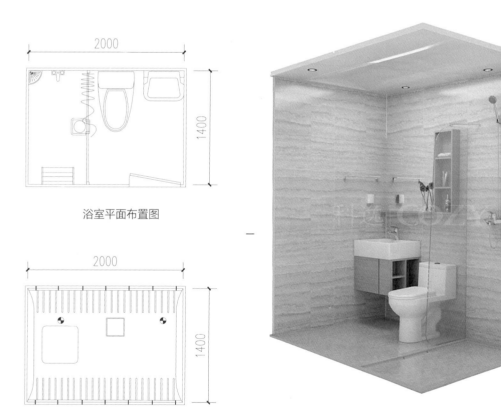

浴室平面布置图

顶部布置图

户式卫浴改造示意图

5. 户式卫浴模块植入现有农房示意

1）仿木质外墙材料

以黑娃底村王占先家为更新示范，尝试进行户式整体卫浴更新改造提升计划。

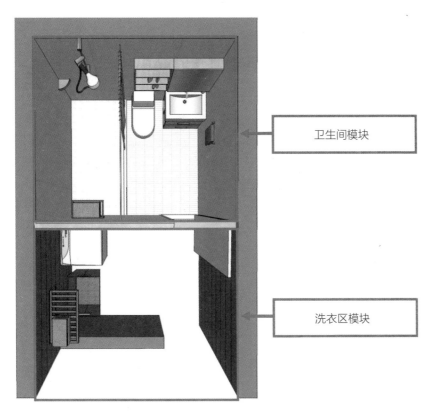

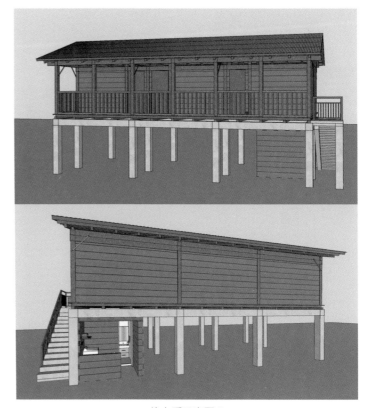

卫生间模块

洗衣区模块

仿木质示意图 1

仿木质示意图 2

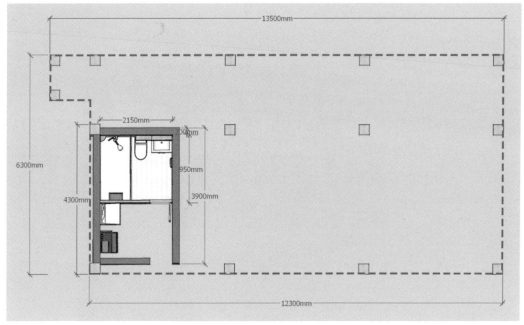
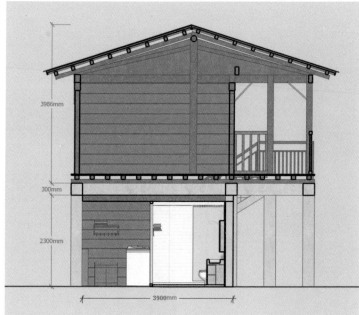

仿木质示意图 3

2）混凝土砌块砖勾缝

以黑娃底村王占先家为更新示范，尝试进行户式整体卫浴更新改造提升计划。

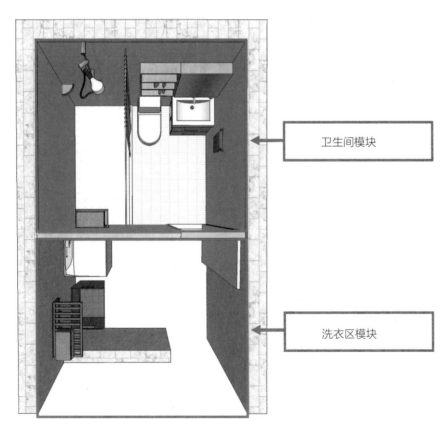

卫生间模块

洗衣区模块

混凝土砌块砖示意图 1

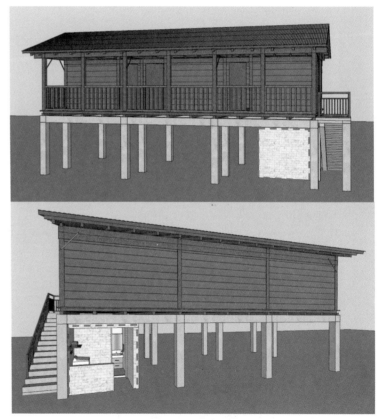

混凝土砌块砖示意图 2

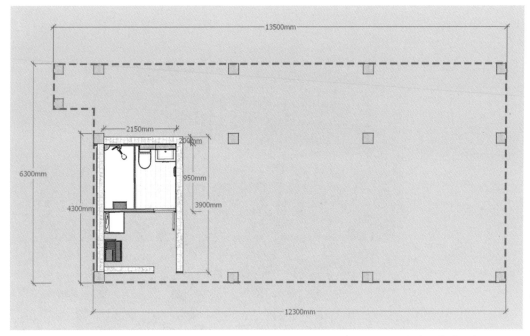
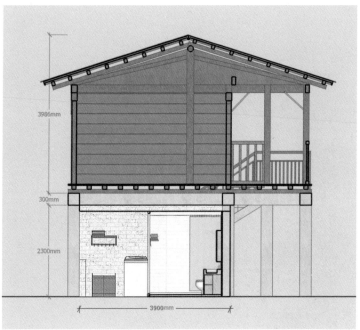

混凝土砌块砖示意图 3

6. 化粪池图纸模型

排水系统采用系统适应单户模式

采用多级 A/O 生化处理工艺，适用于以分户、联户、小集中等收集模式的农村生活污水处理。其就地处理模式方便回用，尾水可用于绿化等，该产品采用 PE 材质，以地埋方式重力流入流出，并采用与日本安永合作开发的 16W 等系列高效节能气泵。

适用于联户小集中处理的 C30B、C50B。产品采用模块化方式，串联组合 2~5 个罐体，其中设置不同的功能区，具有安装运输方便、运营维护简单、高效节能等优势。

罐体

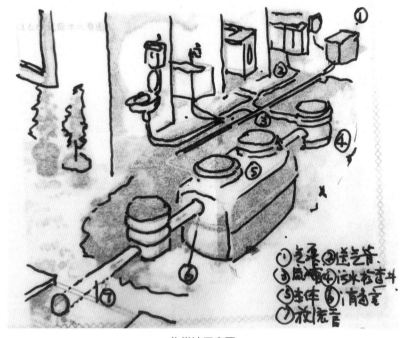

化粪池示意图

第6章

农房建设正负面清单

6.1 整体风貌与环境

6.1.1 自然格局

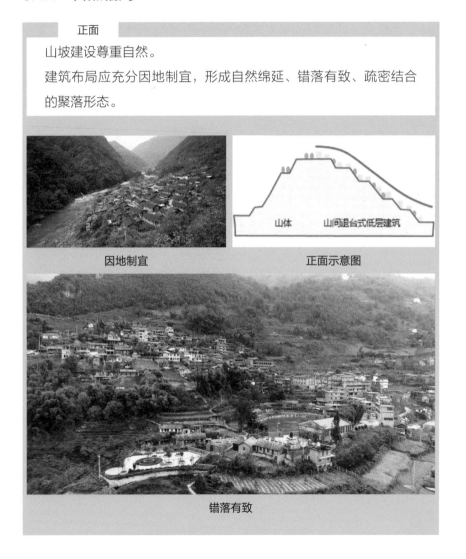

正面

山坡建设尊重自然。

建筑布局应充分因地制宜，形成自然绵延、错落有致、疏密结合的聚落形态。

因地制宜

正面示意图

错落有致

负面

不要突兀拔高。

忽视建筑与周边山体的互动关系，建筑轮廓线与山影线。

忽视山影线

反面示意图

突兀拔高

正面

河流驳岸要生态自然。

河流驳岸充分尊重生态环境，打造符合海绵城市思想的生态驳岸。

生态驳岸 1 | 正面示意图

生态驳岸 2

负面

现状河流驳岸三面抹光，过度工程化。

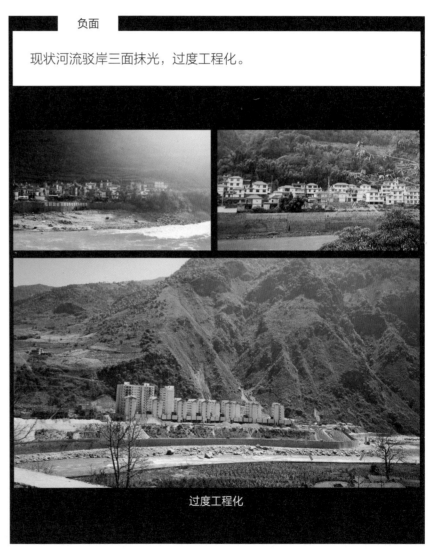

过度工程化

6.1.2　建筑布局

正面

建筑布局要成组成群。

居民点以簇群的形式进行布局，并充分与地形地势以及周边的山水关系相协调。

与地势协调　　　　与山水协调

成组成群

负面

不要成片成面。

新建安置点成片成面布局，忽略居民点与周边自然环境的对话关系。

成片成面

忽视周边环境

正面

建筑布局要错落有致。

建筑布局应充分因地制宜，形成自然绵延、错落有致、疏密结合
的村落形态。

负面

建筑存在机械复制、阵列的"兵营式布局"情况。

自然绵延　　　　　疏密结合、错落有致

因地制宜

兵营式布局

正面

路边建筑要严格退距。

沿路建设的建筑严格按照退距要求建设，满足人车分流基本要求，尽可能提供停留空间。

严格退距　　　　　　　　　　人行空间

人车分流

负面

不要夹道建设。

建筑紧贴道路建设，人车混行严重，缺少停留、休闲游憩空间。

紧贴道路建设

6.1.3　地域色彩

正面

建筑色彩使用本土建材色彩。

建筑应运用本土建筑的色彩，如暖白色、米黄色、木色、大地色、石灰色等。

多层建筑的主要色调不应超过三种，基调色宜占比 75%、辅助色占比 25%、点缀色占比 5% 左右。外墙涂料的色号的艳度不应超过 60。

低层建筑、节点与门户的公共建筑，可适当鲜艳。

负面

不应过艳过灰。

目前建筑大面积使用蓝色、紫色、粉色、灰色，颜色过艳过灰。

运用本土建材色彩

村庄建筑整体色彩杂乱

村庄建筑整体效果灰暗

正面

应注重第五立面的设计，低层、多层建筑宜采用坡屋顶，使用本土建筑色彩。

坡屋顶

负面

屋面现状采用彩钢板、石棉瓦等材料，且颜色过艳。

彩钢板屋面　　　　石棉瓦屋面

屋面颜色过艳

正面

应使用与传统材料接近的建筑材料。如（仿）竹材、（仿）木材、（仿）石材、（仿）茅草等。

| 石板瓦 | 木材 | 人造石 | 真石漆 |
| 竹篾 | 石材 | 茅草 | 夯土 |

运用与传统材料接近建材

负面

避免使用陶瓷锦砖、抛光石材等高反光材料，避免使用彩色玻璃。

彩色玻璃 1　　　陶瓷锦砖、抛光石材等反光材料

彩色玻璃 2

6.1.4 景观环境

1）自然景观

正面
要有效保护与合理利用自然景观资源，促进风景名胜区事业持续健康发展。 政府应当设立自然保护（区），对典型自然生态系统、自然景观、珍稀濒危的野生动植物自然分布区域、原生态林区等加以保护。目前，各县自然景观良好，有高黎贡山自然风景区、怒江第一湾自然风景区、神树桩自然风景区、怒江流域自然风景区等景点。

怒江流域　　　　　　　　　　怒江第一湾

神树桩

负面
另有许多自然风景区尚未开发且缺少基础设施。

2）村落景观

正面

传统村落景观环境是中华民族的宝贵遗产，承载着历史文明，应当加以保护及开发。

开发要从生态修复和复兴传承农耕文化入手，让文化与艺术结合，让田园文化回归到农民的衣食住行之中，让农村更像农村，在农村实现生态管理和绿色的生活方式。目前，多个自然村落呈现田园风貌，且村落地域文化、民族特色风格突出。

自然风貌 1　　　　　　　　　　自然风貌 2　　　　　　　　　　自然风貌 3

负面

多个自然村落基础设施落后，公共服务配套短缺，卫生环境需要整治。

3）道路两侧景观

正面

要规划建设好道路两侧景观，建设风格独特、环境优美的村落环境。

目前，各自然村落可用于景观布置的本土植物资源丰富。如贡山县中的茶腊村道路两侧多种植云南松、油杉等树种，且以竹篱笆作为道路隔离带；

青那村道路一侧设立挡土墙抬高田地，另一侧设有民族特色路灯；雾里村土路两侧种植青稞。

| 道路两侧行道树 | 道路一侧设立挡土墙 | 民族特色路灯 | 道路两侧设置竹篱笆 |

负面

各自然村落在景观布置上力度不够，缺少政府引导规划。

4）房前屋后景观

正面

要规划引导好房屋前后景观，建设风格独特、环境优美的整体村落环境。

目前，各个自然村落可用于景观布置的本土植物资源丰富。如在民居旁边种植树木、蔬菜及花草等。

教堂旁种植花草	民居前篱笆旁种植花草	民居前种植花草

负面

各个自然村落在景观布置上力度不够，缺少政府引导规划。

6.1.5 公共空间

1）活动广场

2）节点空间

要加强对节点空间的建设，节点内要有建筑物、小品、公共服务设施、绿化、水景、座椅等要素。

节点空间具有汇聚、转接、交流的功能特征，既是民众进行社会交往与汇聚的公共性场所，又是精神、文化的承载者。目前，各自然村落多以村口或者村落内公共建筑前的较为空旷的空地作为节点空间。

村口节点空间　　　　　　　　　　　　教堂旁节点空间 1　　　　　　　　　　　　教堂旁节点空间 2

严重缺乏对节点空间的建设。目前，仅有极少数自然村设有村口节点。

3）仪式空间

正面

要对公共空间进行管控和引导，应尊重群众意愿、顺应百姓诉求，用公共空间服务于公共大众。

目前，有的村落设有教堂，各村落中有多个少数民族，兼有不同的宗教信仰。

负面

缺乏公共空间的管控力与引导，公共空间品质较低。

天主教教堂

公共空间品质较低

6.2 房屋建设

6.2.1 建筑风貌

1）传统民居风貌

正面

传统民居整体风貌较好。

政府应加强对传统民居的可持续性保护，使其建筑风格、建筑工艺和民族传统文化、民族风貌得到较为完整的保护。

风貌较好传统民居

负面

传统民居修缮过程中采用石棉瓦屋面、墙面，混凝土空心砖砌筑支座，导致建筑风貌不佳。

石棉瓦屋面

混凝土垒砖支座

2）新建民居风貌

正面

充分挖掘民族元素，规范民居建设；强化文化塑造，突出民族特色。
新建民居建设应大力传承传统民居风格，彰显地方建筑符号及建筑元素，与当地环境和田园风光相协调，应整洁大方，高低错落有序、进退有度。

负面

私搭乱建及违章建筑现象严重，建筑风貌不佳。

整洁大方　　　　　　民族符号提炼

错落有致

私搭乱建

正面

房屋规模尺度在合理的范围内，选择与传统风貌相协调的建筑材料。

建筑立面要符合地域风貌，干净整洁。尊重地域建筑形式，不轻易提取建筑符号自主创造新建筑形式。

负面

简单复制，粗糙建设现象频现。建筑体量过大，立面材质选用不当，整体效果差。

符合地域风貌　　　　　　　　　干净整洁

尊重地域建筑形式

栏杆选材不当

体量过大

3）院落风貌

正面

保证院落有合理清晰的边界及功能分区，满足美观与日常使用需求。
使用矮墙，景观植物等，对院落进行划分，限制扩张，减少公共空间的侵占。

矮墙景观划分　　　　　　　　景观点缀

不堆杂物

负面

院落边界不清晰，堆放杂物，向外侵占道路；大字标语，广告条幅等色彩鲜艳，与环境格格不入，影响院落边界面貌。

堆放杂物

粉刷标语

6.2.2　建筑功能

正面

新建民居不应妨碍他人通行、通风、采光、排水，不应损害公共利益和他人的合法权益。

宅基地应满足防火间距和消防通道的要求。

要依法依规在宅基地范围进行建设：不要"占天不占地"，二层阳台、居室不得超出宅基地范围。要在自家宅基地范围内设置滴水；不要侵占相邻宅基地及公共空间。

新建房屋的功能构成：要满足现代生活需要，设置包括起居室、卧室、厨房、厕所、储藏等功能空间。

负面

起居室简陋且功能性单一；火塘间与卧室目前仅做简单分离，火塘间未与厨房功能有效结合，室内通风、排烟等卫生问题尚未解决；村民没有独立户厕。

墙面开窗，采光通风效果好

设置卫生间

新建民居火塘间　　　　新建民居室内

火塘独立设于建筑外，不能改善生活品质、传承生活方式　　　建筑直接落地防潮效果差

6.2.3 基础

正面

坡道、台阶、散水的设计应与建筑立面风格相协调，并符合相关设计规范。

建筑的坡道、台阶、散水应设置在建筑红线以内，材质可使用石材等，避免使用釉面砖等光滑、反光性材料，不应影响街巷胡同正常通行、消防救护和安全疏散。

保持坡道、台阶、散水安全、坚固、美观，定期检查。对于破损的坡道、台阶、散水应及时修复。

保护墙体　　　　　　　　　　卵石保护台基

使用当地传统材料，形成地域
特色　　　　　　　　　　　结合当地文化进行彩绘

负面

对原有建筑的改造破坏结构安全，缺少对墙脚的保护。

改造使用非承重砌块砌筑支座，承载力差，稳定性差，并且与上部整体主体结构连接薄弱，整体性差，抗震性差

塑料管破坏勒脚威胁结构安全　　　　非承重砌块支座

饰面材料使用不当，与当地传统风貌不符

6.2.4　框架结构

正面

建筑材料要就地取材，不得采用影响村庄风貌的建筑材料。

新建民居建筑层数应控制在2层（含）以下，严禁建设3层及以上建筑，不得建设地下室。跨度超过6m的平房或2层楼房建设，应委托具有资质的设计单位编制施工图纸。

目前，有的新建民居底层架空层采用混凝土框架，从而有效提高了房屋的抗震、抗压性。底层架空层的抬高，丰富了空间使用的多种可能性。

自然村中的榫卯、绑扎等建造方式彰显了传统民居的建筑文化特征。

榫卯　　　　绑扎　　　　　　　新建房屋

负面

结构加固材料与色彩使用不当，影响当地传统民居整体风貌。榫卯、绑扎等建筑结构以及结构细部加工程度受技术限制较大。

底层架空垒石支撑结构　　　平座井干式民居

新建房屋　　　柱基础改造为混凝土加固外砌毛石

正面

屋顶及底层架空是自然村落的民族建筑文化，凸显地域特色，彰显民族个性。

传统民居的屋顶架空层有助于通风与排烟，平时亦可用于放置谷物、工具等物品。

改造民居的屋顶石片下可加垫凹形钢板、石棉瓦以防止漏雨，但要保持材料色彩与传统风貌的一致性。

底层架空层原多用于饲养牲畜，现已大范围实现建设独立牲畜棚，避免人畜混居。

负面

屋顶：自然村落屋顶结构简易，仅铺设一层石片，屋面易漏雨。

传统民居底部架空层：仍有个别家庭在底层架空层饲养牲畜，人畜混居。

新建民居底部架空层：架空层抬高，致使部分新建民居比例与传统民居比例存在较大差异，造成村落整体风貌失序。

建筑材料与色彩：底部架空层混凝土材料的裸露运用，影响村落整体风貌。

传统民居屋顶架空层

屋顶石片加工提供防水性能　　石片下加垫凹形钢板、石棉瓦以防止漏雨

底层架空层饲养牲畜　　混凝土材料裸露

6.2.5 围护结构

建筑材料：要就地取材，不应采用影响村庄风貌的建筑材料，同时要保证房屋质量和人身安全，避免使用泡沫夹芯彩钢板等可燃材料。

色彩：要使用符合村庄风貌的色彩，如屋面深灰色；墙面木色、夯土色；塑钢窗用色要与墙面颜色保持一致性。

采光：要安置塑钢窗，有效提高房屋的采光环境。但不应随意开设北窗，如需开北窗，应设置为高窗，以保证相邻住户的私密性。

建筑材料与色彩的使用不当，会影响当地传统民居的整体风貌。如夯土墙墙裙处抹水泥保护墙角，可避免雨水侵蚀，但灰色墙面色彩与村落传统墙面风貌不符。安装的塑钢窗虽提高了房屋的采光环境，但白色的窗框破坏了村落的传统风貌。

就地取材　　　　　　　墙面木色

风貌整体统一，符合当地传统民居特点

白色塑钢窗　　　　　　水泥灰色抹面

一层木纹墙体、二层板木墙

正面

加强墙体安全排查，消除安全隐患。

墙体保持安全、坚固、整洁、美观且墙体无明显破损、污迹、无乱涂乱画、无明显补丁。现代复合材料与传统形式相结合。

双向肋架保证竹墙的安全

墙体坚固整洁

复合材料减缓墙体侵蚀

负面

传统民居墙体出现开裂，材料原始、单一，抗外界侵蚀能力差。改造过程中外墙饰面材料、颜色混乱。

墙体局部有损坏

墙体出现开裂

色彩使用不当

外墙饰面材料、颜色混乱

6.2.6　屋面结构

建筑屋面、屋檐应以坚固、简单干净为主，且与整体街巷风格相协调统一。

对于采用彩钢瓦、石棉瓦等与街巷风貌不协调的屋面，应根据实际情况进行更换或者改造。

对于多种材质、造型的屋檐，需要与建筑立面颜色及材质相协调的设计，并进行改造。

材料统一，风格协调

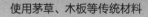

使用茅草、木板等传统材料

色彩、材质符合当地特色

负面

屋面简陋、漏雨，缺少维护。

使用石棉瓦等禁用材料，随意加建，屋面材料、形式使用不当。

残损的屋檐无法保护墙体　　　使用石棉瓦等禁用材料

屋顶板材搭接不严密　　　屋面材料、形式使用不当

6.2.7 建筑舒适度

1）排烟通风

正面

通过控制窗墙比及门窗的选择来保证民房合理的通风。

在室内利用烟囱效应设置排烟系统，解决因火塘的使用而造成的室内排烟问题。

简易排烟设施

百叶窗增强通风　　　　　大面积开窗

负面

部分传统民居墙体密实，无开窗，室内昏暗，采光通风不畅。

通风口设立位置不当，影响结构稳定。

排烟不畅　　　　利用墙与屋顶交接处通风，处理不当易结构不牢

密实木板门窗通风不畅

2）采光

正面

在尊重传统风貌的基础上，开门窗，保证室内有足够的采光量。

在雨篷的设置上尽量采用玻璃雨棚，以减少对室内采光的影响。

墙体开启大窗，采用透明雨篷，或适当减少雨篷出挑距离。

负面

四周墙体封闭或雨篷出挑过远，影响室内采光。

大面积开窗　　　　　　玻璃雨篷保证室内采光

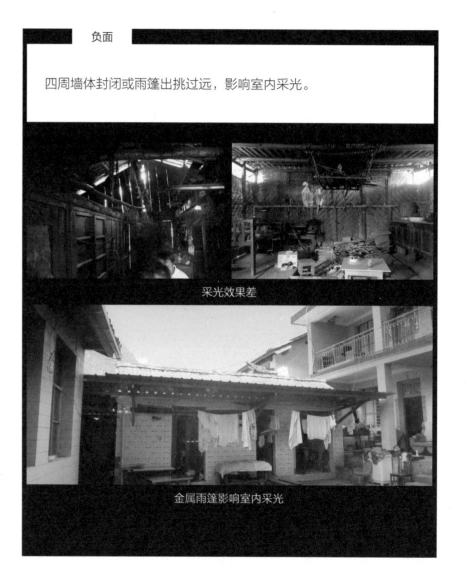

采光效果差

金属雨篷影响室内采光

新建房屋室内采光较好

3）户厕

正面

要进行满足现代生活需要的功能性改造，厨房、厕所、粮仓齐全。
各户要设独立卫生间。

独立卫生间

负面

各住户缺少独立卫生间，多使用旱厕。

旱厕

4）火塘

正面

遵循乡民的愿意，愿意保留火塘的就应该支持鼓励。

火塘具有取暖、照明、做饭（熏干）、驱虫、睡卧、人际交往、聚会议事、祭祀神灵等功能，是当地居民的生活重心。

火塘做饭

火塘烧水

火塘生活

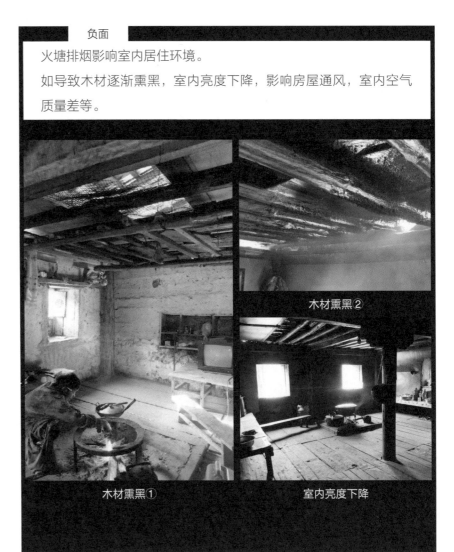

负面

火塘排烟影响室内居住环境。

如导致木材逐渐熏黑，室内亮度下降，影响房屋通风，室内空气质量差等。

木材熏黑②

木材熏黑①

室内亮度下降

5）厨房

正面

要接通电力，配置基本的生活家电。要进行满足现代生活需要的功能性改造，厨房、厕所、粮仓齐全。目前，自然村均实现生活、生产用电的接入，村落村民多已配备政府补贴的燃气灶、电饭煲等生活家电。

现代生活家电

负面

村民多以火塘为烹饪工具，缺少独立厨房空间意识，室内厨具摆放杂乱。

厨具摆放杂乱

6.2.8　建筑安全性

1）电力设备

自然村落要接通电力。

目前，多个自然村已通过凌空线输送电力。

凌空线输送电力

自然村村内入户电表箱安置杂乱无章，电线管线裸露，排列无序，存在安全隐患。

入户电表、管线裸露

2）消防安全

正面

新建民居宅基地应满足防火间距和消防通道的要求。

负面

室内火塘无防护措施，存在安全隐患。

火塘旁使用木地面   无防护措施

3）结构安全

民房建设应符合建筑设计相关规范，保证安全、坚固。

采用混凝土，钢材确保搭接合理安全可靠，栏杆构件应当采用牢固的材料，并定期维护。

现代材料保证结构安全可靠

结构搭接不合理，栏杆等安全围护构件简陋。

横纵连系梁不在同一水平面

二层平台缺栏杆

6.3 基础设施

6.3.1 公共服务设施

1）文化活动服务

正面

要夯实基层公共文化服务基础，不断提升公共文化服务水平，发挥基层公共文化的服务、引导作用，增强公共文化服务活力。

村委会 1　　　　　　　　　　村委会 2　　　　　　　　　　村委会 3

负面

缺乏文化活动服务，目前，各自然村仅有其村委会提供文化活动服务，且提供的活动服务种类单一，活动项目少。

2）医疗卫生服务

正面

要保障基本医疗卫生服务，提高基层医疗服务质量，加强重大疾病防治，加快构建优质高效的医疗卫生服务体系，致力于提升医疗卫生资源的可及性和便利性。

村卫生室 1　　　　　　　　　　　　　　　　　　　村卫生室 2

负面

缺少医疗卫生服务，且现有卫生室医疗条件简陋。

3）体育设施

正面

要加强公共体育场所设施建设。充分发挥公共文化体育设施的功能，繁荣文化体育事业，满足民众开展文化体育活动的基本需求。

开展和促进全民运动、全民健身，对于增强人民体制和建设精神文明，构建和谐社会具有重要现实意义。目前，有的村落设有篮球场作为村内公共体育设施。

村篮球场 1

村篮球场 2

负面

缺少公共体育场所设施建设。目前，多数自然村落尚未配备公共体育设施，村落几乎没有运动场所，需要锻炼的农村居民无处运动。

4）便民商业点

要着力建设便民商业等公共服务设施，提升生活性服务业品质，满足村民的刚性消费需求，重点发展村民日常生活中必不可少的必备型业态。

目前，贡山县定时定点举办圩场集市，为自然村村民提供农副产品、土特产以及工业品等方面的交易场所。

贡山县集会　　　　　　　　　　　　　　　　　　　　村民为赶集准备的货物

右图来源：http://gold.prculture.cn/a/news-57780faf7dabfbacfb918307c05df39e.html

各个自然村商业便民点缺失。

6.3.2 道路

正面

省道、乡道路面要做硬化处理，整体道路风貌要保持一致性。

目前，省道和乡道路面状况良好，且多为水泥路面。乡道已铺设至各自然村村落的各户户前。

水泥路面　　省道 S228（六丙公路）　　水泥路面乡道

水泥路村道　　水泥路村道

负面

目前，村落内部多为原始的泥土路，雨后泥泞不堪，容易发生危险。

村内土路　　道路崎岖不便

民户前土路

6.3.3　公共厕所

要建造公共卫生间。

目前，多个自然村在村落村口处均设有公共卫生间，供游客使用。

公共卫生间

村落缺少公共卫生间，对整体发展不利。目前，多个自然村落仅有一座公共卫生间，且环境条件差。

6.3.4　牲畜棚

正面

自然村要实现人畜分离。

目前，各自然村由于政府引导或村民自发，各村每 5~6 家集中在农田旁等公共区域建立独立牲畜棚。

牲畜棚

负面

牲畜棚尚未完全普及到各村各户。

仍有个别村民家庭尚未实现人畜分离，导致室内空气质量、卫生条件差，居民易患病。

人畜混居模式

6.3.5　垃圾处理

正面

要按照"村收集，乡（镇）转运，县处理"的模式推进乡村垃圾处理一体化模式，使农村生活垃圾处置实现标准化、规范化。要进行垃圾集中处理，提升乡村面貌，实现乡村垃圾不见天、不落地，乡村群众生活环境明显改善。

设置要求：垃圾箱应增设围栏遮挡，周边应保持清洁卫生；

设计要求：垃圾桶、垃圾箱应统一规范功能、规格与样式，外观要简洁、美观、与周边环境相协调；要易使用、易维护、易推广。

管理要求：加强对垃圾桶、垃圾箱的日常维护和清洁工作，定时清理垃圾、擦洗与消毒；确保功能完好、无倾倒、歪斜或不稳固；外观无严重损坏、无锈蚀、无喷涂、无小广告；对于破损、丢失的垃圾桶、垃圾箱，应及时更换更新；垃圾桶应统一集中管理，专人定期检查。

垃圾分类　　　　　　　　　垃圾回收室

负面

乡村垃圾处理未实现标准化、规范化。目前，各自然村的垃圾处理点仅设有 1~2 个，且设置位置未经合理规划布局，垃圾处理形式为集中露天焚烧，无垃圾分类处理。

焚烧垃圾点 1　　　　　　　垃圾随意丢弃

焚烧垃圾点 2

6.3.6　给水排水

正面
自然村落要接通自来水，并设置污水处理系统。 目前，自然村中的各户已接通自来水，少数自然村中设有简易的 污水处理系统。

自来水管

负面
多数自然村尚未设置污水处理系统，仅通过明沟排水。

污水排污不当

明沟排水